普通高等学校"十二五"规划教材

概率论与数理统计

（独立院校用）

主编　李忠定　张国强　闫　亮　郑莉芳

编者　张国强　闫　亮　郑莉芳
　　　孟昕娜　张玲玲

中国铁道出版社有限公司

CHINA RAILWAY PUBLISHING HOUSE CO., LTD.

内 容 简 介

本系列教材为独立院校工科各专业公共课教材，有高等数学（上、下册）、线性代数与几何、概率论与数理统计。本系列教材是编者根据独立院校工科教学改革的精神和"十二五"规划教材的要求、结合多年教学改革的研究与实践编写的，是河北省教育教学改革研究项目重点资助的课题成果，书中融入了许多新的教学理念和方法。本书为概率论与数理统计，内容包括概率论与数理统计两大部分内容。

本书适合作为普通高等学校独立院校各专业教材，也可作为大专、函大和自学考试教材。

图书在版编目（CIP）数据

概率论与数理统计/李忠定等主编.—北京：中国
铁道出版社，2012.1（2019.12重印）
普通高等学校"十二五"规划教材.独立院校用
ISBN 978-7-113-14030-4

Ⅰ.①概…　Ⅱ.①李…　Ⅲ.①概率论—高等学校—教材②数理统计—高等学校—教材　Ⅳ.①O21

中国版本图书馆 CIP 数据核字（2011）第 262134 号

书　　名：	概率论与数理统计（独立院校用）	
作　　者：	李忠定　张国强　闫　亮　郑莉芳　主编	
策　　划：	李小军	
责任编辑：	李小军	
编辑助理：	何　佳	
封面设计：	付　巍	
封面制作：	白　雪	
责任印制：	郭向伟	

出版发行：	中国铁道出版社有限公司（100054，北京市西城区右安门西街 8 号）
网　　址：	http://www.tdpress.com/51eds/
印　　刷：	三河市宏盛印务有限公司
版　　次：	2012 年 1 月第 1 版　2019 年 12 月第 7 次印刷
开　　本：	720mm×960mm　1/16　印张：12　字数：239 千
书　　号：	ISBN 978-7-113-14030-4
定　　价：	26.00 元

前　言

本书专为普通高等学校独立学院非数学类专业概率论与数理统计课程而编写，体现独立学院学生的特点并结合教学大纲的要求，在保证基本内容的完整下，删减了一些繁难之处，简化了部分内容，适当地增加了例题，使本书在系统、科学、严谨的基础上更浅显易懂，把重点放在了培养学生学习兴趣、掌握学习方法上，注重提高读者的随机性思维、将实际问题转化为数学问题的能力。

全书主要包括概率论与数理统计两大部分内容，共分9章，前4章主要介绍概率论的基本内容——概率论的基本概念、随机变量及其分布、随机变量的数字特征、大数定律和中心极限定理；后5章着重介绍数理统计的基本内容——数理统计的基本概念、参数估计、假设检验、方差分析、一元回归分析。让读者一方面认识如何用分析的方法解决随机问题，另一方面通过对这门课程的学习更理性地对待生活中的一些问题（比如博彩等）。本书在每一章后附有不同层次的习题，它们大致可分为两类：一类是较易的题，加强对基础知识、基本方法的掌握的训练；一类是综合题，综合运用所学知识解决实际问题，以培养读者利用所学知识分析问题和解决问题的能力。

讲授本书的全部内容，约需48学时，每章可根据读者实际情况选讲一些综合类习题。

本书由李忠定教授统稿并最终定稿。参加编写的有：郑莉芳、张国强、闫亮、孟昕娜、张玲玲。

在本书的编写过程中，得到了石家庄铁道大学四方学院各级领导的支持、米建民教授和基础部数学教研室全体教师的热情帮助，谨向他们表示衷心的感谢。

由于编者能力、水平有限，书中不当之处，恐在所难免，请读者批评指正，以使本书不断完善。

编　者

2011 年 10 月

目　　录

第1章

概率论的基本概念

在自然界和人类社会活动中,大体上可分为两类现象:一类是事先可预言的,如:向上抛一枚硬币,由于重力作用,一定会落到地面上;无论什么形状的三角形,两边之和一定大于第三边;在一个标准大气压下,水加热到100℃,必然会沸腾等,我们称这类现象为**必然现象**.另一类现象是事先无法预言的,如:向上抛硬币时,无法预言是正面向上还是反面向上;从一袋种子中取10粒做发芽试验,无法确定有几颗会发芽;经济学中,一支股票在未来市场中的价格也是不确定的等,我们称这类现象为**随机现象**.

随机现象看似是无法预言,无规律性的,但事实并非如此.人们通过大量试验和实践发现,在大量重复试验下,随机现象也会呈现一定的规律性,称之为随机现象的**统计规律性**.概率论与数理统计就是研究和揭示随机现象的统计规律性的一门数学学科.在当今社会,概率论和数理统计应用于生活中的各个领域,如经济与金融学、电子信息学、军事、生物医学、地质学、工程统计和计量经济等.

1.1 随机事件及运算

1.1.1 随机试验与随机事件

我们把对自然现象所进行的一次观察或一次科学实验统称为**试验**.如果一个试验具有以下特征:

(1)在相同的条件下可以重复进行;

(2)所有可能出现的结果不止一个,并且是事先已知的;

(3)每次试验究竟会出现哪个结果,试验前不能确切预知.

称该试验为**随机试验**(简称试验),记为 E.

例如:掷一枚质地均匀的骰子,试验可以重复进行;试验前所有可能出现的结果:出现 $1, 2, \cdots, 6$ 点;每次试验前不能确定到底出现几点.此试验为随机试验.

随机试验的所有可能结果称为**随机事件**,简称**事件**,用 $A, B, C, \cdots$ 表示.试验中不能再分或没有必要再分的事件称为**基本事件**或**样本点**,用 ω 表示.全体样本点的集合称为**样本空间**,记为 Ω. 如上例中,样本空间 $\Omega=\{1,2,3,4,5,6\}$,样本点 $\omega_i=$ $\{$出现 i 点$\}$,$i=1,2,\cdots,6$,令 $A=\{$出现奇数点$\}$,A 为一随机事件.每次试验中都必然发生的事件称为**必然事件**,显然样本空间 Ω 为必然事件;试验中不可能发生的事件称为**不可能事件**,记为 $\varnothing$.

【例 1】　写出以下随机试验的样本空间.

E_1:掷一枚硬币,$\Omega=\{$正面向上,反面向上$\}$;

E_2:记录一段时间内,某地段 110 报警中心接受报警次数,$\Omega=\{0,1,2,\cdots\}$;

E_3:一枚硬币连掷两次,$\Omega=\{($正,正$),($正,反$),($反,正$),($反,反$)\}$;

E_4:测试某电视机的寿命(以小时计),$\Omega=\{t\,|\,t\geqslant 0\}$.

引入样本空间后,任一事件 A 是 Ω 的子集,这样就建立了事件与集合之间的关系,以后就可以用集合的方法研究随机事件.

1.1.2　随机事件的关系及运算

进行随机试验,有多种事件发生,这些事件往往是相互关联的.为了研究复杂事件的概率,需要引入事件的关系及运算.

设 A,B 是同一样本空间 Ω 的事件,它们有以下关系及运算:

(1)包含与相等

若事件 A 的发生必然导致事件 B 的发生,则称 B **包含** A,也称 A 为 B 的**子事件**,记为 $A\subset B$ 或 $B\supset A$. 若 $A\subset B$ 且 $B\subset A$,则称 A 与 B **相等**,记为 $A=B$.

(2)事件的交(积)

"事件 A 和事件 B 同时发生"这一事件,称为事件 A 和 B 的**交(积)**,记为 $A\bigcap B$ 或 AB.

类似地,称 $\bigcap\limits_{k=1}^{n} A_k$ 为 n 个事件 $A_1,A_2,\cdots,A_n$ 的交;称 $\bigcap\limits_{k=1}^{\infty} A_k$ 为可列个事件 $A_1,A_2,\cdots$ 的交.

(3)事件的并(和)

"事件 A 或事件 B 至少有一个发生"这一事件,称为 A 和 B 的**并(和)**,记为 $A\bigcup B$.

类似地,称 $\bigcup\limits_{k=1}^{n} A_k$ 为 n 个事件 $A_1,A_2,\cdots,A_n$ 的**并**;称 $\bigcup\limits_{k=1}^{\infty} A_k$ 为可列个事件 $A_1,A_2,\cdots$ 的并.

(4)事件的差

"事件 A 发生而 B 不发生"这一事件,称为事件 A 与 B 的**差**,记为 $A-B$.

(5)相容与互斥事件

若事件 A 与 B 不能同时发生,即 $A\bigcap B=\varnothing$,称事件 A 与 B **互不相容(互斥)**,

否则称为**相容**.

当事件 A 与 B 互斥时,$C=A \cup B$ 又可记为 $C=A+B$,称为 A 和 B 的**直和**.

(6)对立事件(逆事件)

若事件 A 与 B 不能同时发生,但又必定有一个出现,即 $A \cap B = \varnothing$ 且 $A \cup B = \Omega$,称事件 A 与 B 互为**对立事件**,记 $B = \overline{A}$.

显然,$\overline{\overline{A}} = A$,$\Omega - A = \overline{A}$,$A - B = A\overline{B} = A - AB$.

注意对立事件与互斥事件的区别:对立事件一定是互斥事件,但反过来,不成立.

上述关系和运算还可以用文氏图表示(见图 1-1~图 1-6):

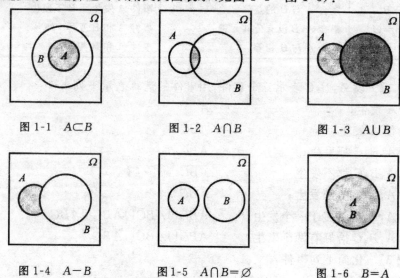

图 1-1　$A \subset B$　　　　　图 1-2　$A \cap B$　　　　　图 1-3　$A \cup B$

图 1-4　$A - B$　　　　　图 1-5　$A \cap B = \varnothing$　　　　　图 1-6　$B = A$

可以验证事件的运算满足:

(1)交换律:$A \cup B = B \cup A$,$A \cap B = B \cap A$;

(2)结合律:$A \cup B \cup C = A \cup (B \cup C)$,$A \cap B \cap C = A \cap (B \cap C)$;

(3)分配律:$A \cup (B \cap C) = (A \cup B) \cap (A \cup C)$,
$$A \cap (B \cup C) = (A \cap B) \cup (A \cap C);$$

(4)德·摩根律:$\overline{A \cup B} = \overline{A} \cap \overline{B}$,$\overline{A \cap B} = \overline{A} \cup \overline{B}$,

$$\overline{\bigcup_{k=1}^{n} A_k} = \bigcap_{k=1}^{n} \overline{A_k}, \quad \overline{\bigcap_{k=1}^{n} A_k} = \bigcup_{k=1}^{n} \overline{A_k}.$$

事件的上述运算规律还可以推广到事件为有限多个或可列无限个的情形.

为了更好地理解这些关系和运算,现把集合论的有关结论与概率论的相关结论的关系用表 1-1 总结:

表 1-1　集合论有关结论与概率论有关结论的对照

符号	集合论	概率论
Ω	全集	样本空间,必然事件
$\varnothing$	空集	不可能事件
$\omega \in \Omega$	集合中的元素	样本点,基本事件
$A \subset B$	集合 A 包含在集合 B 中	事件 A 是 B 的子事件
$A \cup B$	集合 A 与 B 的并	事件 A 和 B 至少有一个发生
$A \cap B$	集合 A 与 B 的交	事件 A 和 B 同时发生
$\overline{A}$	集合 A 的补集	事件 A 的逆事件
$A - B$	集合 A 与 B 的差	事件 A 发生而 B 不发生
$A \cap B = \varnothing$	集合 A,B 没有公共元素	事件 A 和 B 互斥
$A = B$	集合 A 与 B 相等	事件 A 和 B 相等

【例 2】　设 A,B,C 表示三个事件,用事件的运算表示下列事件:

(1)A 发生;　　　　　　　　　　　　　A

(2)仅 A 发生;　　　　　　　　　　　　$A\overline{B}\overline{C}$

(3)A,B,C 都发生;　　　　　　　　　　ABC

(4)A,B,C 都不发生;　　　　　　　　　$\overline{A}\overline{B}\overline{C}$

(5)A,B,C 不都发生;　　　　　　　　　$\overline{ABC}$

(6)A,B,C 不多于一个发生;　　$\overline{A}\overline{B}\overline{C} \cup A\overline{B}\overline{C} \cup \overline{A}B\overline{C} \cup \overline{A}\overline{B}C$

(7)A,B,C 恰好有两个发生.　　$AB\overline{C} \cup A\overline{B}C \cup \overline{A}BC$

【例 3】　化简下列事件:

(1)$(\overline{A} \cup \overline{B})(\overline{A} \cup B)$;　　(2)$A\overline{B} \cup \overline{A}B \cup \overline{A}\overline{B}$.

解　(1)$(\overline{A} \cup \overline{B})(\overline{A} \cup B) = [\overline{A}(\overline{A} \cup B)] \cup [\overline{B}(\overline{A} \cup B)]$（分配律）

$$= (\overline{A}\overline{A} \cup \overline{A}B) \cup (\overline{B}\overline{A} \cup \overline{B}B)$$

$$= (\overline{A} \cup \overline{A}B) \cup (\overline{B}\overline{A} \cup \varnothing)（因 \overline{A}B \subset \overline{A}）$$

$$= \overline{A} \cup \overline{B}\overline{A} = \overline{A}.$$

(2)$A\overline{B} \cup \overline{A}B \cup \overline{A}\overline{B} = A\overline{B} \cup \overline{A}B \cup \overline{A}\overline{B} \cup \overline{A}\overline{B} = A\overline{B} \cup \overline{A}\overline{B} \cup \overline{A}B \cup \overline{A}\overline{B}$（交换律）

$$= (A\overline{B} \cup \overline{A}\overline{B}) \cup (\overline{A}B \cup \overline{A}\overline{B})（结合律）$$

$$= (A \cup \overline{A})\overline{B} \cup \overline{A}(B \cup \overline{B}) = \overline{B} \cup \overline{A} = \overline{AB}.（德·摩根律）$$

1.2　随机事件的概率

当做一个随机试验时,我们不仅关心事件的发生与否,更重要的是事件发生的可能性的大小,尤其是我们所关心的事件 A 发生的可能性的大小,它揭示了事件的内在的统计规律.在实际生产生活中,事件发生的可能性的大小是有重要意义的,如:某话务中心在 24 小时内如果知道了被呼叫次数的可能性的大小,就可以合理调配话务员的数量;某电视机厂家若知道了电视机的寿命的可能性的大小,就可以合理地给出包换包修服务年限.这就需要用一个数字(实数)来刻画事件发生的可能性的大小,这个数值就叫事件的概率,用 $P(A)$,$P(B)$,…表示.对于事件 A,$P(A)$ 到底是个什么样的数?又如何去求?本节先针对一些简单的情形进行讨论.

1.2.1　古典概率

我们知道掷一枚质地均匀的骰子,样本空间 $\Omega=\{1,2,3,4,5,6\}$,记随机事件 A:出现 i 点,则

$$P(A)=\frac{1}{6}=\frac{A\text{ 所包含的基本事件数}}{\Omega\text{ 所包含的基本事件数}} \tag{1.1}$$

这种概率模型是概率论发展过程中最早被研究的模型,下面给出它的定义:

定义 1.1　设 E 为一随机试验,若它满足下面两个条件:

(1)样本空间只含有有限个基本事件;

(2)每个基本事件发生的可能性相等.

则称 E 为**古典概型**.

古典概型中事件 A 的概率称为**古典概率**,用(1.1)式计算,在利用公式计算时,一般要用到排列组合数计算所包含的基本事件数.

【例 1】　一个袋子中装有 10 个大小相同的球,其中 3 个黑球,7 个白球,求:

(1)从袋子中任取一球,这个球是黑球的概率;

(2)从袋子中任取两球,刚好一个白球一个黑球的概率以及两个球全是黑球的概率.

解　(1)10 个球中任取一个,共有 $C_{10}^1=10$ 种选择.从而根据古典概率计算,事件 A:"取到的球为黑球"的概率为

$$P(A)=\frac{C_3^1}{C_{10}^1}=\frac{3}{10}.$$

(2)10 球中任取两球的取法有 C_{10}^2 种,其中刚好一个白球,一个黑球的取法有 $C_3^1 \cdot C_7^1$ 种取法;两个球均是黑球的取法有 C_3^2 种,记 B 为事件"刚好取到一个白球一个黑球",C 为事件"两个球均为黑球",则

$$P(B)=\frac{C_3^1 C_7^1}{C_{10}^2}=\frac{21}{45}=\frac{7}{15};P(C)=\frac{C_3^2}{C_{10}^2}=\frac{3}{45}=\frac{1}{15}.$$

【例 2】　将 n 个球等可能地放入 N 个盒子中($n\leqslant N$),每个盒子放入球数不限,求下列事件的概率:

(1)A:某些指定的 n 个盒子中各有一球;

(2)B:恰有 n 个盒子中各有一球;

(3)C:某指定的一个盒子中恰有 m 个球.

解 因每个球等可能地放入 N 个盒子,且每个盒子放入的球数不限,则样本空间所包含的基本事件数为:N^n.

(1)因指定的 n 个盒子中只能各有一球,因而第一个球有 n 种选择,第二个球只能选择剩下的 $n-1$ 个盒子,依此类推,故 A 所包含的基本事件数为:$n!$,那么

$$P(A) = \frac{n!}{N^n};$$

(2)与(1)不同的是这 n 个盒子没有指定,可以从 N 个盒子中任选 n 个,有 C_N^n 种选择,所以 B 包含的基本事件数为 $C_N^n n!$

$$P(B) = \frac{C_N^n n!}{N^n};$$

(3)要使指定的盒子中恰有 m 个球,只需从 n 个球中先选 m 个进入这个盒子,共有 C_n^m 种选择,剩余的 $n-m$ 个球任意进入 $N-1$ 个盒子有 $(N-1)^{n-m}$ 种选择,故事件 C 包含的基本事件数为 $C_n^m (N-1)^{n-m}$,所以

$$P(C) = \frac{C_n^m (N-1)^{n-m}}{N^n}.$$

【**例 3**】 100 件同一款衣服,其中有 60 件 M 码,40 件 L 码.若按以下两种方法:

(1)有放回抽样;

(2)无放回抽样.

从中任意抽取 3 件,求事件 $A = \{3$ 件都是 M 码$\}$ 和 $B = \{2$ 件 M 码,1 件 L 码$\}$ 发生的概率.

解 (1)有放回抽样

由于是有放回抽样,每次抽取都有 100 种选择,故样本空间包含 100^3 个基本事件,而事件 A 表示取得的都是 M 码,只能从 60 件 M 码选择,共有 60^3 取法,故

$$P(A) = \frac{60^3}{100^3} = 0.216;$$

B 表示两件 M 码,一件 L 码,故有两件是从 60 件 M 码中取,1 件是从 40 件 L 码中取,由于样本空间的建立考虑了选取顺序,所以 B 也应该考虑 1 件 L 码是从第几次中取得的,故 B 含有 $C_3^1 60^2 40$ 个基本事件,所以

$$P(B) = \frac{C_3^1 60^2 40}{100^3} = 0.432;$$

(2)无放回抽样

由于是无放回抽样,那抽取三次不放回就相当于一次性从 100 件抽取 3 件,与

顺序无关,故样本空间包含 C_{100}^3 个基本事件,而 A 取得的都是 M 码,相当于一次性从 60 件 M 码中任取 3 件,所以

$$P(A) = \frac{C_{60}^3}{C_{100}^3} = 0.212;$$

B 包含基本事件数为 $C_{60}^2 C_{40}^1$

$$P(B) = \frac{C_{60}^2 C_{40}^1}{C_{100}^3} = 0.438.$$

　　注意　无放回抽样还可以按每次抽取来建立样本空间,此时,事件仍然要与顺序有关,请读者自行考虑应该如何解答.

　　一般地,有放回抽样与无放回抽样所得的概率不同,但是当抽取对象数目很大时,有放回和无放回所得结果相差不大,因此,在实际生活中,人们经常把无放回抽样当做有放回抽样来处理,这为解决实际问题提供了方便.

1.2.2　几何概率

　　古典概率是在样本空间所包含基本事件数有限且等可能的情况下给出的,那么,当样本空间中基本事件数为无穷多个,而基本事件又有某种等可能性时,古典概率就不适用了,从而引出了几何概率的定义.

　　定义 1.2　若随机试验 E 满足:

　　(1)样本空间 Ω 可以用一个几何区域 G 表示;

　　(2)样本点落在 G 中任一区域 A 中的可能性与 A 的几何测度(一维时,几何测度为区间长度;二维时为面积;三维时为体积)成正比,与其位置形状没有关系,则称 E 为**几何概型**.

　　在几何概型下,随机事件 A 的概率称为**几何概率**,计算公式为:

$$P(A) = \frac{A\text{ 的几何测度}}{\Omega\text{ 的几何测度}}.$$

　　【例 4】　某公交枢纽站,每 10 分钟发一趟车,设某人到达枢纽站就能上车,求此人等待时间不超过 5 分钟的概率.

　　解　由于此人到达车站的时间是随机的,候车时间是区间 $[0,10]$ 的任一点,故 Ω 的几何区域是区间 $G[0,10]$,用 L 表示区间长度,则 $L(G)=10$,$A=\{$候车时间不超过 5 分钟$\}$,$L(A)=5$,故:

$$P(A) = \frac{L(A)}{L(G)} = \frac{1}{2}.$$

1.2.3　统计概率

　　古典概率和几何概率都以等可能性为基础,在实际中有很大的局限性,如:某

110 报警中心在某段时间接到报警次数可能为"0 次","1 次",…这些结果不具备等可能性,此时,人们自然认为要度量事件出现的可能性大小,最可靠的办法就是重复做试验,这样就提出了统计概率.

设在 n 次重复试验中,A 出现了 k 次,则称比值 $\dfrac{k}{n}$ 为事件 A 出现的**频率**,记 $f_n(A)=\dfrac{k}{n}$. 显然,频率 $\dfrac{k}{n}$ 与试验次数 n 有关,当试验次数不同时,频率可能不同,即便试验次数相同,k 值也可能不同,但在大量重复试验中,频率将呈现出稳定性,即 n 充分大时,$f_n(A)$ 常在某个确定的数值 p 附近摆动,n 越大,摆动幅度越小,频率的这种性质叫**频率的稳定性**. 如:历史上有很多数学家做过掷硬币的试验:

试验者	掷硬币次数	出现正面的次数	频率
德·摩根	2 048	1 061	0.518 0
蒲丰	4 040	2 048	0.506 9
皮尔逊	12 000	6 019	0.501 6
皮尔逊	24 000	12 012	0.500 5
维尼	30 000	14 994	0.499 8

此表说明,$f_n(A)$ 在 $\dfrac{1}{2}$ 附近摆动.

频率的稳定性是事件本身固有的属性,不以人的意志而转移,这种属性是以我们可以度量事件出现的可能性大小为基础,因此,在以后的应用中,人们把事件 A 的频率 $f_n(A)$ 在某常数 p 附近摆动的 p 定义为 A 的统计概率 $P(A)=p$.

概率的统计定义虽然比较直观,但也有不足和缺陷. 如:无法保障试验 $n+1$ 次比试验 n 次更精确.

由古典概率、几何概率和统计概率,可以发现它们有共同的性质:

(1) $0\leqslant p\leqslant 1$;

(2) $P(\Omega)=1,P(\varnothing)=0$;

(3) $AB=\varnothing$ 时,$P(A+B)=P(A)+P(B)$.

于是,俄国数学家柯尔莫格洛夫于 1933 年在他的《概率论的基本概念》一书中给出了现在已被广泛接受的概率的公理化体系,第一次将概率论建立在严密的逻辑基础上.这标志着概率论成为一门独立的数学学科.下一节我们将学习概率的公理化定义及性质.

1.3　概率的公理化定义及性质

根据前面所学习的古典概率、几何概率和统计概率,提炼出它们所共有的性质,提出了概率的公理化定义.

定义 1.3　设 E 是随机试验,Ω 是它的样本空间. 若对 E 的每一事件 A 赋予一个实数,记为 $P(A)$,若 $P(A)$ 满足三个条件:

(1)$\forall A \subset \Omega, P(A) \geqslant 0$;(非负性)

(2)$P(\Omega)=1$;(正规性)

(3)设 $A_1, A_2, \cdots$ 是两两互不相容的事件,即 $A_i \bigcap A_j = \varnothing, (i \neq j, i, j = 1, 2, \cdots)$ 有

$$P(\bigcup_{i=1}^{\infty} A_i) = \sum_{i=1}^{\infty} P(A_i) \quad (可列可加性)$$

则称 $P(A)$ 为定义在样本空间 Ω 上的事件 A 发生的概率.

由概率的公理化定义可得如下性质:

性质 1　$P(\varnothing)=0$.

证明　令 $A_i = \varnothing, i = 1, 2, \cdots$,则 $\bigcup_{i=1}^{\infty} A_i = \varnothing$,且 $A_i \bigcap A_j = \varnothing (i \neq j, i, j = 1, 2, \cdots)$,由概率的可列可加性有:

$$P(\varnothing) = P(\bigcup_{i=1}^{\infty} A_i) = \sum_{i=1}^{\infty} P(A_i) = \sum_{i=1}^{\infty} P(\varnothing)$$

又 $P(\varnothing) \geqslant 0$,可得:$P(\varnothing)=0$.

性质 2(有限可加性)　若 $A_1, A_2, \cdots, A_n$ 是两两互不相容的事件,则有:

$$P(\bigcup_{i=1}^{n} A_i) = \sum_{i=1}^{n} P(A_i).$$

证明　令 $A_{n+1} = A_{n+2} = \cdots = \varnothing$,则 $\bigcup_{i=1}^{\infty} A_i = \bigcup_{i=1}^{n} A_n$,且 $A_i \bigcap A_j = \varnothing (i \neq j, i, j = 1, 2, \cdots)$,由可列可加性

$$P(\bigcup_{i=1}^{n} A_i) = P(\bigcup_{i=1}^{\infty} A_i) = \sum_{i=1}^{\infty} P(A_i) = \sum_{i=1}^{n} P(A_i).$$

性质 3　设 $A \subset B \subset \Omega$,则 $P(B-A) = P(B) - P(A)$.

证明　由 $B = A \bigcup (B-A), A \bigcap (B-A) = \varnothing$,由有限可加性可得

$$P(B) = P(A) + P(B-A),$$

即

$$P(B-A) = P(B) - P(A).$$

性质 4　设 $A \subset B \subset \Omega$,则 $P(A) \leqslant P(B)$.(单调性)

证明　由性质 3 直接可得.

性质5　若 $\forall A \subset \Omega$,则 $P(\overline{A}) = 1 - P(A)$.

证明　$\Omega = A \cup \overline{A}$,且 $A \cap \overline{A} = \varnothing$,由有限可加性可得

$$P(\Omega) = P(A) + P(\overline{A}),$$

即

$$P(\overline{A}) = 1 - P(A).$$

性质6　(加法公式)$\forall A, B \subset \Omega$,有 $P(A \cup B) = P(A) + P(B) - P(AB)$.

证明　由 $A \cup B = A \cup (B - AB)$,且 $A \cap (B - AB) = \varnothing$, $AB \subset B$.由性质2和性质3,可得

$$P(A \cup B) = P(A) + P(B - AB)$$
$$= P(A) + P(B) - P(AB).$$

性质6还可以推广到多个事件的情形,如：$\forall A_1, A_2, A_3 \subset \Omega$,则

$$P(A_1 \cup A_2 \cup A_3) = P(A_1) + P(A_2) + P(A_3) - P(A_1 A_2)$$
$$- P(A_1 A_3) - P(A_2 A_3) + P(A_1 A_2 A_3)$$

【例1】　已知 $P(\overline{A}) = 0.6, P(\overline{A}B) = 0.3, P(B) = 0.5$,求：

(1)$P(A - B)$;　(2)$P(A \cup B)$.

解　(1)$P(A - B) = P(A) - P(AB)$,只需求 $P(A)$ 和 $P(AB)$.

因为 $P(A) = 1 - P(\overline{A}) = 1 - 0.6 = 0.4$,

又 $AB + \overline{A}B = B$,　且 AB 与 $\overline{A}B$ 是不相容的,所以 $P(AB) + P(\overline{A}B) = P(B)$,

$P(AB) = P(B) - P(\overline{A}B) = 0.5 - 0.3 = 0.2$;

于是 $P(A - B) = P(A) - P(AB) = 0.4 - 0.2 = 0.2$;

(2)$P(A \cup B) = P(A) + P(B) - P(AB) = 0.4 + 0.5 - 0.2 = 0.7$.

【例2】　某专业开两门选修课,已知选修甲课的占总人数的 83%,选修乙课的占 66%,两门课都选的占 58%,求两门都不选的占总人数的多少?

解　设 $A = \{$选甲课的学生$\}$, $B = \{$选乙课的学生$\}$,由已知条件：

$$P(A) = 83\%, P(B) = 66\%, P(AB) = 58\%$$

由加法公式,则有

$P(A \cup B) = P(A) + P(B) - P(AB) = 83\% + 66\% - 58\% = 91\%$,

$P(\overline{A}\,\overline{B}) = P(\overline{A \cup B}) = 1 - P(A \cup B) = 1 - 91\% = 9\%$.

1.4　条件概率与独立性

1.4.1　条件概率与乘法公式

实际中有些时候需要计算随机事件 A 在某附加条件 B 下的概率,如：掷两枚骰子试验,若已知在事件 B "掷出偶数点"的条件下,求事件 A "掷出 2 点"的概率.所要求的就是**条件概率**,用 $P(A|B)$ 表示.在此试验中,$B = \{2, 4, 6\}$, $A = \{2\}$,

$$P(A) = \frac{1}{6}, P(B) = \frac{3}{6}, P(A \mid B) = \frac{1}{3} = \frac{P(AB)}{P(B)}.$$

条件概率 $P(A \mid B)$,是在 B 发生的条件下,相当于 B 变成了新的样本空间,即相当于缩减了样本空间,于是,得出了条件概率的定义:

定义 1.4 设 A, B 是样本空间 Ω 的任两事件,且 $P(B) > 0$,称

$$P(A \mid B) = \frac{P(AB)}{P(B)} \tag{1.2}$$

为在事件 B 发生条件下事件 A 的**条件概率**.

不难验证,条件概率 $P(A \mid B)$ 也满足概率的公理化定义中的三个条件:

(1) $0 \leqslant P(A \mid B) \leqslant 1$;

(2) $P(\Omega \mid B) = 1$;$\left(P(\Omega \mid B) = \frac{P(B)}{P(B)} = 1 \right)$;

(3) 设 $A_1, A_2, \cdots$ 是两两互不相容的事件,即 $A_i \bigcap A_j = \varnothing, (i \neq j, i, j = 1, 2, \cdots)$ 则有

$$P(\bigcup_{i=1}^{\infty} A_i \mid B) = \sum_{i=1}^{\infty} P(A_i \mid B).$$

事实上,$P(\bigcup_{i=1}^{\infty} A_i \mid B) = \dfrac{P((\bigcup_{i=1}^{\infty} A_i) \bigcap B)}{P(B)}$

$$= \frac{P(\bigcup_{i=1}^{\infty} A_i B)}{P(B)} = \frac{\sum_{i=1}^{\infty} P(A_i B)}{P(B)} = \sum_{i=1}^{\infty} P(A_i \mid B).$$

这说明,条件概率也是一种概率,那么相对应也满足概率的性质.

(1.2) 可变形为:

$$P(AB) = P(A \mid B) \cdot P(B) \qquad (P(B) > 0)$$

或

$$P(AB) = P(B \mid A) \cdot P(A) \qquad (P(A) > 0),$$

此式称为**乘法公式**.

乘法公式可以推广到 n 个事件上去

$$P(A_1 A_2 \cdots A_n) = P(A_1) P(A_2 \mid A_1) P(A_3 \mid A_1 A_2) \cdots P(A_n \mid A_1 A_2 \cdots A_{n-1}).$$

【例 1】 甲、乙两台机器,已知甲故障的概率为 0.2,乙故障的概率为 0.1,甲、乙同时故障的概率为 0.05,求:

(1) 已知甲故障条件下,求乙也故障的概率;

(2) 已知乙故障条件下,求甲也故障的概率.

解 设 A:甲故障,B:乙故障.

$P(A) = 0.2, P(B) = 0.1, P(AB) = 0.05,$则

$(1) P(B|A) = \dfrac{P(AB)}{P(A)} = \dfrac{0.05}{0.2} = \dfrac{1}{4};$

$(2) P(A|B) = \dfrac{P(AB)}{P(B)} = \dfrac{0.05}{0.1} = \dfrac{1}{2}.$

【例 2】 某玻璃制品第一次落下时打破的概率为 0.4,若第一次落下未打破,第二次落下打破的概率为 0.7,若前两次落下未打破,第三次落下打破的概率为 0.9,求这种玻璃制品落下三次而未打破的概率是多少?

解　设 A_i 为第 i 次落下打破,$i=1,2,3$,B 表示事件"落下三次而未打破"$B = \overline{A_1}\,\overline{A_2}\,\overline{A_3}$,故有

$$P(B) = P(\overline{A_1}\,\overline{A_2}\,\overline{A_3}) = P(\overline{A_1}) P(\overline{A_2}|\overline{A_1}) P(\overline{A_3}|\overline{A_1}\,\overline{A_2})$$
$$= (1-0.4)(1-0.7)(1-0.9) = 0.018.$$

1.4.2　事件的独立性

条件概率 $P(A|B)$ 为在已知 B 发生的条件下事件 A 的概率,这个条件概率一般不等于 A 的概率,但是也有特殊情况,如:掷一枚硬币,设 B 表"第一次出现正面",A 表"第二次出现正面",易知,则 $P(A) = P(A|B) = \dfrac{1}{2}$.这说明第一次的试验结果不会影响第二次的试验结果,此时称 A,B 是相互独立的.

当 A,B 相互独立时,由乘法公式:

$$P(AB) = P(A|B) \cdot P(B) = P(A) \cdot P(B)$$

下面给出事件相互独立的定义.

定义 1.5　若事件 $\forall A,B \subset \Omega$ 满足

$$P(AB) = P(A) \cdot P(B)$$

则称事件 A,B 相互独立(简称独立).

定理 1.1　若 A,B 相互独立,则 $(A,\overline{B})$,$(\overline{A},B)$,$(\overline{A},\overline{B})$ 也相互独立.

证明　只证 $(A,\overline{B})$ 独立,其他请读者自己证明

$$P(A\overline{B}) = P(A-AB) = P(A) - P(AB)$$
$$= P(A) - P(A) \cdot P(B)$$
$$= P(A) \cdot P(\overline{B}).$$

证毕.

注意　这四对事件中,只要有一对相互独立,另三对也是相互独立的.

定义 1.6　对于三个事件 A,B,C,若满足以下式子:

$$\begin{cases} P(AB) = P(A) \cdot P(B) \\ P(AC) = P(A) \cdot P(C) \\ P(BC) = P(B) \cdot P(C) \\ P(ABC) = P(A) \cdot P(B) \cdot P(C) \end{cases}$$

则称事件 A,B,C 相互独立.

由定义 1.6 可知,三个事件 A,B,C 的独立,能够推出其中任两个事件相互独立,但是,反之是不成立的.

事件独立性的定义类似还可以推广到 n 个事件的独立. n 个事件的独立指这 n 个事件中任意 i 个事件是相互独立的, $i=2,3,\cdots,n$,因此, n 个事件的独立定义中应该有

$$C_n^2+C_n^3+\cdots+C_n^n=(1+1)^n-C_n^0-C_n^1=2^n-(n+1)$$

个等式成立.

【例 3】　甲、乙两批产品,合格率分别为 0.9 和 0.8,在两批产品中各随机地取一件,求:

(1)两件都是合格品的概率;

(2)至少有一件是合格品的概率;

(3)恰有一件是合格品的概率.

解　设 A,B 分别表示从甲、乙两批产品中抽到合格品,则 A,B 相互独立,已知 $P(A)=0.9,P(B)=0.8$,则

(1) $P(AB)=P(A)\cdot P(B)=0.9\times0.8=0.72$;

(2) $P(A\bigcup B)=P(A)+P(B)-P(AB)=0.9+0.8-0.72=0.98$;

(3) $P(\overline{A}B+A\overline{B})=P(\overline{A}B)+P(A\overline{B})$

$$=P(\overline{A})\cdot P(B)+P(A)\cdot P(\overline{B})$$

$$=0.9\times0.2+0.1\times0.8$$

$$=0.26.$$

1.4.3　伯努利试验

有了事件独立性的定义,我们就可以定义试验的独立性.考虑试验结果只有两个,即我们所关心的事件 A 和 $\overline{A}$,这种试验称为简单随机试验.

定义 1.7　把符合下列两个条件的 n 次试验,称为 n 重伯努利试验.

(1)每次试验条件都一样,且可能结果只有两个 A 和 $\overline{A}$,且 $P(A)=p$;

(2)每次试验结果是相互独立的.

生活中,伯努利试验很多,如:抛硬币试验,考虑正反面的问题;考试的合格与不合格;抽样产品是正品还是次品;投篮中与不中等.

定理 1.2　在 n 重伯努利试验中事件 A 恰好发生 k 次的概率为:

$$P_n(k)=C_n^k p^k(1-p)^{n-k}$$

证明　由事件的独立性可知,某指定的 k 次 A 发生的概率 $p^k(1-p)^{n-k}$,恰好发生 k 次的有 C_n^k 种选择,故

$$P_n(k) = C_n^k p^k (1-p)^{n-k}.$$

【例 4】 某人考试及格的概率为 60%,某学期有 5 门考试,求:

(1)5 门中恰有 4 门及格的概率;

(2)5 门中至少 4 门及格的概率.

解 设 A_i 表恰有 i 门及格,A_i 是互不相容的,其中,$i=1,2,3,4,5$.

(1)$P(A_4) = C_5^4 (0.6)^4 \times 0.4 = 0.259$;

(2)$P(A_4 + A_5) = P(A_4) + P(A_5) = C_5^4 0.6^4 \times 0.4 + C_5^5 \times 0.6^5 = 0.337$.

【例 5】 某工人一天出废品的概率为 0.2,求在 4 天中:

(1)都不出废品的概率;

(2)至少有一天出废品的概率;

(3)仅有一天出废品的概率;

(4)最多有一天出废品的概率;

(5)第一天出废品,其余各天不出废品的概率.

解 设 A_i 表示"第 i 天出废品",$i=1,2,3,4$,$P(A_i)=0.2$.

(1)都不出废品,即 $\overline{A_1}\,\overline{A_2}\,\overline{A_3}\,\overline{A_4}$

$$P(\overline{A_1}\,\overline{A_2}\,\overline{A_3}\,\overline{A_4}) = P(\overline{A_1})P(\overline{A_2})P(\overline{A_3})P(\overline{A_4}) = 0.8^4 = 0.409\,6;$$

(2) $P = \sum_{k=1}^{4} C_4^k 0.2^k (1-0.2)^{4-k}$

$\quad = C_4^1 \times 0.2^1 \times 0.8^3 + C_4^2 \times 0.2^2 \times 0.8^2 + C_4^3 \times 0.2^3 \times 0.8^1 + C_4^4 \times 0.2^4 \times 0.8^0$

$\quad = 0.409\,6 + 0.153\,6 + 0.025\,6 + 0.001\,6 = 0.590\,4;$

(3)$P = C_4^1 0.2^1 (1-0.2)^{4-1} = 0.409\,6$;

(4) $P = \sum_{k=0}^{1} C_4^k 0.2^k (1-0.2)^{4-k}$

$\quad = C_4^0 \times 0.2^0 \times 0.8^4 + C_4^1 \times 0.2^1 \times 0.8^3$

$\quad = 0.409\,6 + 0.409\,6 = 0.819\,2;$

(5)$P(A_1\overline{A_2}\,\overline{A_3}\,\overline{A_4}) = P(A_1)P(\overline{A_2})P(\overline{A_3})P(\overline{A_4}) = 0.2 \times 0.8^3 = 0.102\,4.$

1.5　全概率公式和贝叶斯公式

在计算概率时,人们往往希望通过简单事件的概率去求复杂事件的概率,全概率公式起到了很大作用,先举一个例子:

设 10 张彩票中两张有奖,甲、乙两人先后各抽一张,求每人抽中奖的概率?

分析 设 A、B 分别表示甲、乙抽中奖,则显然 $P(A) = \dfrac{2}{10} = \dfrac{1}{5}$;

乙抽中有两种可能:即甲中乙中或甲不中乙中,且互不相容,即 $B = AB + \overline{A}B$

$$P(B) = P(AB + \overline{A}B) = P(AB) + P(\overline{A}B)$$

$$= P(A)P(B|A) + P(\overline{A})P(B|\overline{A})$$

$$= \frac{2}{10} \times \frac{1}{9} + \frac{8}{10} \times \frac{2}{9}$$

$$= \frac{1}{5}.$$

由结果看到，中奖与抽奖顺序无关，求 $P(B)$ 的过程，是先把 B 分解成 AB 与 $\overline{A}B$ 之和，利用概率的加法定理和乘法公式求得.

定理 1.3 设 Ω 为随机试验 E 的样本空间，$A_1, A_2, \cdots, A_n$ 是互不相容的事件，且 $P(A_i) > 0, i = 1, 2, \cdots, n, \bigcup_{i=1}^{n} A_i = \Omega$，则对 $\forall B \subset \Omega$，有

$$P(B) = \sum_{i=1}^{n} P(A_i)P(B|A_i).$$

此公式称为**全概率公式**，称满足上述条件的 $A_1, A_2, \cdots, A_n$ 为 Ω 的**完备事件组**或**有限剖分**.

证明 由 $A_i \bigcap A_j = \varnothing (i \neq j, i, j = 1, 2, \cdots, n)$，且 $\bigcup_{i=1}^{n} A_i = \Omega$

得

$$B = B\Omega = B \bigcap \left(\bigcup_{i=1}^{n} A_i \right) = \bigcup_{i=1}^{n} (A_iB).$$

$$P(B) = P\left(\bigcup_{i=1}^{n} (A_iB) \right) = \sum_{i=1}^{n} P(A_iB) = \sum_{i=1}^{n} P(A_i)P(B|A_i).$$

全概率公式的宏观意义是：某事件 B 的发生可能有多个原因 $A_i(i = 1, 2, \cdots, n)$，这些原因两两不能同时发生，则 B 可分解成 A_iB 的和（见图 1-7）.

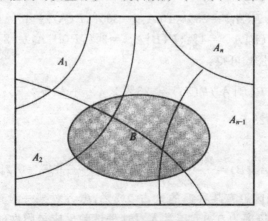

图 1-7

B 的概率就等于 A_iB 的概率之和，$P(B) = \sum_{i=1}^{n} P(A_iB)$，这也是"全"的意义，"全

部"之和.

全概率公式是由已知 $P(A_i)$(由以往数据分析得到,称为**先验概率**)可求得复杂事件 B 的概率,现在假设一个试验已知有事件 B 的发生,反过来,我们去求 A_i 的概率,即 $P(A_i|B)$(即对先验概率的重新估计),这个条件概率称为**后验概率**,即试验后对各种"原因"发生的可能性的大小的重新认识.

定理 1.4(贝叶斯公式) 设 Ω 为随机试验 E 的样本空间,$A_1,A_2,\cdots,A_n$ 是 Ω 的一个有限剖分,且 $P(A_i)>0,i=1,2,\cdots,n$,则对 $\forall B \subset \Omega$,且 $P(B)>0$,有

$$P(A_i|B) = \frac{P(B|A_i)P(A_i)}{\sum\limits_{i=1}^{n} P(A_i)P(B|A_i)}.$$

证明 由条件概率和全概率公式直接可得:

$$P(A_i|B) = \frac{P(A_iB)}{P(B)} = \frac{P(B|A_i)P(A_i)}{\sum\limits_{i=1}^{n} P(B|A_i)P(A_i)}.$$

【**例 1**】 一批产品来自于甲、乙、丙三个车间,每个车间的产量分别占总产量的 $25\%,35\%,40\%$,产品的次品率分别为 $4\%,3\%,2\%$,现从这批产品中任抽一件,问:

(1)抽到次品的概率;

(2)若已知已经抽到次品,求产品来自于丙车间的概率.

解 设 A_1,A_2,A_3 分别表示抽到的产品是甲、乙、丙车间生产的;B 表示抽到次品.

已知

$$P(A_1)=25\%, P(A_2)=35\%, P(A_3)=40\%;$$
$$P(B|A_1)=4\%, P(B|A_2)=3\%, P(B|A_3)=2\%.$$

(1)由全概率公式可得:

$$P(B) = \sum_{i=1}^{3} P(B|A_i)P(A_i) = 25\% \times 4\% + 35\% \times 3\% + 40\% \times 2\%$$
$$= 0.028\ 5;$$

(2)由贝叶斯公式:

$$P(A_3|B) = \frac{P(B|A_3)P(A_3)}{P(B)} = \frac{40\% \times 2\%}{0.028\ 5} = 0.280\ 7.$$

【**例 2**】 某地区患有某种病的人占 0.5%,患者对某一检查结果为阳性(表示有病或有病毒)的概率为 0.95,正常人对这种试验反应是阳性的概率为 0.04,现抽查一人,求:

(1)试验反应为阳性的概率;

(2)若已知此人结果为阳性,问此人为患者的概率.

解　设 A 表示"抽查的人为患者"；$\bar{A}$ 表示"抽查的人为正常人"；B 表示"试验结果为阳性".

$$P(A)=0.5\%, \quad P(\bar{A})=99.5\%; \quad P(B|A)=0.95, \quad P(B|\bar{A})=0.04$$

(1) $P(B)=P(B|A)P(A)+P(B|\bar{A})P(\bar{A})=0.5\%\times0.95+99.5\%\times0.04=0.045$；

(2) $P(A|B)=\dfrac{P(B|A)P(A)}{P(B)}=\dfrac{0.5\%\times0.95}{0.045}=0.106.$

这一结论是很有实际意义的,因为抽得一人如果不做检查,患病的概率为 0.005；如果做了检查,结果为阳性的话,此人患病的概率由 0.005 提高到 0.106,将近增加 20 倍.但仅就此下定论说此人患病还为时尚早,因为概率只有 0.106,还太小,故需要再作进一步检查.

习　题　1

1. 已知 $P(A)=0.5,P(B)=0.6,P(AB)=0.4$,求概率：$P(\overline{AB}),P(A|B)$,$P(\bar{A}|B),P(\bar{A}|\bar{B})$.

2. 设两两相互独立的三事件,A、B 和 C 满足条件：$ABC=\varnothing$,$P(A)=P(B)=P(C)<\dfrac{1}{2}$,且已知 $P(A\cup B\cup C)=\dfrac{9}{16}$,则 $P(A)=$ _____.

3. 同时抛掷两颗骰子,以 (x,y) 表示第一颗、第二颗骰子出现的点数,写出样本空间 Ω 以及事件：

A："两颗骰子出现点数之和为奇数"；

B："两颗骰子出现点数之差为 0"；

C："两颗骰子出现点数之积不超过 20"所含的样本点.

4. 在某城市中发行三种报纸 A,B,C,用事件的运算表示出下列随机事件：

(1) 只订 A 报的；

(2) 只订一种报纸的；

(3) 正好订两种报纸的；

(4) 至少订一种报纸的；

(5) 不订阅任何报纸的；

(6) 最多订阅一种报纸的.

5. 袋中有 12 个球,2 白 10 黑,今从中取 4 个,试求：

(1) 恰有一个白球的概率；

(2) 至少有一个白球的概率.

6. 从 10 双不同的鞋子中任取 4 只,求至少有 2 只配成一双的概率.

7. 有两个口袋,甲袋中装有 3 个白球 2 个黑球,乙袋中装有 2 个白球 3 个黑球.由甲袋中任取一个球放入乙袋,再从乙袋中取出一个球,求取到白球的概率.若发现从乙袋中取出的是白球,问从甲袋中取出放入乙袋的球是白球的概率是多少?

8.一个裁判组由 3 名成员构成,其中两个人独立地以概率 p 做出正确的裁定,而第三个人以掷硬币的方法决定,最后结果根据多数人的意见决定,求做出正确裁定的概率.

9.在分别写有 2,3,4,5,6,7,8 的七张卡片中任取两张,把卡片上的数字组成一个分数,求所得分数是既约分数(最简分数)的概率?

10.某大学有研究生和本科生人数如下:

	研究生	本科生	合计
女生	200	450	650
男生	500	850	1 350
合计	700	1 300	2 000

从该大学中任意抽选 1 名学生,求:

(1)该学生是研究生的概率 $P(A)$;

(2)该学生是女生的概率 $P(B)$;

(3)$P(B|A)$.

11.某厂甲、乙、丙三个车间生产同一种产品,它们的产量之比为 3:2:1,各车间产品的次品率依次为 8%,9%,12%.现从该厂产品中任取一件,求:

(1)取到次品的概率;

(2)若取到的产品为次品,求它是由甲车间生产的概率.

12.在 1～2 000 的整数中随机地取一个数,问取到的整数既不能被 6 整除,又不能被 8 整除的概率是多少?

13.8 支步枪中有 5 支已校准过,3 支未校准.一名射手用校准过的枪射击时,中靶的概率为 0.8;用未校准的枪射击时,中靶的概率为 0.3.现从 8 支枪中任取一支用于射击,结果中靶,求所用的枪是校准过的概率.

14.设袋中装有 r 只红球,t 只白球.每次自袋中任取一只球,观察其颜色然后放回,并再放入 a 只与所取出的那只球同色的球.若在袋中连续取球四次,试求第一、二次取到红球且第三、四次取到白球的概率.

15.甲,乙两人进行乒乓球比赛,每局甲胜的概率为 $p,p \geqslant 1/2$.问对甲而言,采用三局二胜制有利,还是采用五局三胜制有利?设各局胜负相互独立.

16.某商店成箱出售玻璃杯,每箱 20 只,假设每箱有 0,1,2 只残次品的概率依次是 0.8,0.1,0.1,一个顾客欲购买一箱玻璃杯,在购买时,售货员任取一箱,而顾客开箱随机地察看 4 只,若无残次品,则买下该箱,否则退回,试求:

(1)顾客买下该箱的概率 α；

(2)在顾客买下的一箱玻璃杯中,确实没有残次品的概率 β.

17. 随机地向半圆 $0 < y < \sqrt{2ax - x^2}$(a 为正常数)内掷一个点,点落在半圆内任何区域的概率与区域面积成正比,则原点和该点的连线与 x 轴的夹角小于 $\dfrac{\pi}{4}$ 的概率是多少?

第 2 章

随机变量及其分布

在第 1 章描述一个随机试验的样本空间时，基本事件有些是数量性质的，如一批产品的废品数，被测物体的长度等；但有些基本事件是非数量性质的，如掷一枚硬币，出现的结果是正面和反面. 为了更深入、更全面地研究随机现象，认识随机现象的内在规律性，需要全面研究试验的结果. 随机变量是定义在基本空间 Ω 上的取值为实数的函数，即基本空间 Ω 中每一个点，也就是每个基本事件都有实轴上的点与之对应. 例如，随机投掷一枚硬币，可能的结果有正面朝上，反面朝上两种，若定义 X 为投掷一枚硬币时朝上的面，则 X 为一随机变量，当正面朝上时，X 取值 1；当反面朝上时，X 取值为 0. 又如，掷一颗骰子，它的所有可能结果是出现 1 点、2 点、3 点、4 点、5 点和 6 点，若定义 X 为掷一颗骰子时出现的点数，则 X 为一随机变量，出现 1,2,3,4,5,6 点时 X 分别取值 1,2,3,4,5,6.

要全面了解一个随机变量，不但要知道它取哪些值，而且要知道它取这些值的规律，即要掌握它的概率分布. 概率分布可以由分布函数刻画. 若知道一个随机变量的分布函数，则它取任何值和落入某个数值区间内的概率都可以求出.

有些随机现象需要同时用多个随机变量来描述. 例如，子弹弹着点的位置需要两个坐标才能确定，它是一个二维随机变量. 类似地，需要 n 个随机变量来描述的随机现象中，这 n 个随机变量组成 n 维随机向量. 描述随机向量的取值规律，用联合分布函数. 对此，我们在本章都将一一介绍，首先我们来介绍一下随机变量及其分布函数.

2.1 随机变量及分布函数

2.1.1 随机变量的概念

定义 2.1 设 E 是随机试验，Ω 是其样本空间，如果对于每一个 $\omega \in \Omega$，有一个确定的实数 $X(\omega) = x$ 与之对应，则称 $X(\omega)$ 为一维**随机变量**（R. V.）. 随机变量的对应关系如图 2-1 所示.

本书中用大写字母 X, Y, Z 等表示随机变量，它们的取值用相应的小写字母

x, y, z 表示.

　　例如,将一枚硬币连抛两次,用 H,T 分别表示正面、反面,其样本空间为 $\Omega = \{HH, HT, TH, TT\}$.若用 X 表示 H 出现的次数,则

$$X(TT) = 0,\ X(HT) = X(TH) = 1,$$
$$X(HH) = 2.$$

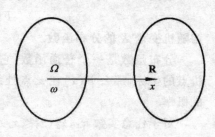

图 2-1

　　显然 X 是一个随机变量.我们可以通过随机变量来描述 Ω 中的随机事件,如 $\{X = 2\}$ 表示"出现两次正面"这一事件,$\{X \leqslant 1\}$ 表示"出现了一次或没有出现正面"这一事件,显然有

$$\{X \leqslant 1\} = \{X = 0\} + \{X = 1\}.$$

　　注意　随机变量不同于普通意义下的变量,它是由随机试验的结果所决定的量,试验前无法预知取何值,要随机而定,但其取值的可能性大小有确定的统计规律性.

　　$\{X \leqslant x\} = \{\omega \mid X(\omega) \leqslant x\}$ 表示使得随机变量 X 的取值小于或等于 x 的那些基本事件 ω 所组成的随机事件,从而有相应的概率,如在上面的例子中事件 $\{X = 1\}$ 的概率为 $\dfrac{1}{2}$,即 $P\{X = 1\} = \dfrac{1}{2}$.进一步,$\{X \in S\} = \{\omega \mid X(\omega) \in S\}$ 表示所有使得 $X(\omega) \in S$ 的 ω 所组成的随机事件.

2.1.2　分布函数

　　由于随机变量 X 的所有可能取值不一定能一一列举出来,如用随机变量 X 表示电视机的寿命,则 X 的取值为全体正实数.因此,为了研究随机变量取值的概率规律,需研究随机变量 X 的取值落在某个区间 (x_1, x_2) 中的概率,即求 $P\{x_1 < X \leqslant x_2\}$.由图 2-2 知事件 $\{x_1 < X \leqslant x_2\}$ 与事件 $\{X \leqslant x_1\}$ 互斥,且

$$\{X \leqslant x_2\} = \{X \leqslant x_1\} + \{x_1 < X \leqslant x_2\},$$

故　　　　　$$P\{X \leqslant x_2\} = P\{X \leqslant x_1\} + P\{x_1 < X \leqslant x_2\},$$

即　　　　　$$P\{x_1 < X \leqslant x_2\} = P\{X \leqslant x_2\} - P\{X \leqslant x_1\}.$$

　　由此可见,若对任意给定的实数 x,事件 $\{X \leqslant x\}$ 发生的概率随着 x 的变化而变化,它是 x 的函数,我们称之为随机变量 X 的分布函数.

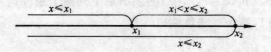

图 2-2

定义 2.2　设 X 是一个随机变量,对任意的 $x \in \mathbf{R}$,称函数

$$F(x) = P\{X \leqslant x\}$$

为随机变量 X 的**分布函数**.

分布函数是一个普通函数,它的定义域是全体实数,如将 X 看成是数轴上随机点的坐标,那么 $F(x)$ 在 x 点处的函数值就表示随机点 X 落在区间 $(-\infty, x]$ 上的概率.

对于任意实数 $x_1, x_2 (x_1 < x_2)$,

$$P\{x_1 < X \leqslant x_2\} = P\{X \leqslant x_2\} - P\{X \leqslant x_1\} = F(x_2) - F(x_1).$$

因此,若已知随机变量 X 的分布函数,就可知 X 落在区间 $(x_1, x_2]$ 上的概率,这样,分布函数就能完整地描述随机变量的统计规律.

分布函数的性质:

(1) $0 \leqslant F(x) \leqslant 1 (-\infty < x < +\infty)$;

(2) $F(x)$ 是 x 的单调递增函数,即若 $x_1 < x_2$,则 $F(x_1) \leqslant F(x_2)$;

(3) $F(+\infty) = \lim\limits_{x \to +\infty} F(x) = 1, F(-\infty) = \lim\limits_{x \to -\infty} F(x) = 0$;

(4) $F(x)$ 关于 x 是右连续的.

2.2　离散型随机变量及其分布

定义 2.3　若随机变量 X 可能取值的数目是有限的或可列的,则称 X 是**离散型随机变量**. X 的可能值可写成 $x_1, x_2, \cdots, x_k, \cdots$,在有限的情形,这个序列至某一项结束.

对于离散型随机变量 X,我们感兴趣的是它的可能取值是什么和 X 以多大的概率取每个值.为此,有以下定义:

定义 2.4　若离散型随机变量 X 取值为 $x_k (k = 1, 2, \cdots)$ 的概率为

$$P\{X = x_k\} = p_k, k = 1, 2, \cdots$$

则称 $\{p_k, k = 1, 2, \cdots\}$ 为离散型随机变量 X 的**概率分布**或**分布律**,分布律也可以写成下列的表格形式:

X	x_1	x_2	$\cdots$	x_k	$\cdots$
P	p_1	p_2	$\cdots$	p_k	$\cdots$

由概率的定义,$\{p_k, k = 1, 2, \cdots\}$ 必须满足下列两个条件:

(1) $p_k \geqslant 0, k = 1, 2, \cdots$;(非负性)

(2) $\sum\limits_{k=1}^{\infty} p_k = 1.$ (归一性)

　　反之,满足条件(1)、(2)的 $\{p_k,k=1,2,\cdots\}$ 均可作为某个离散型随机变量的分布律.

　　由概率的可加性知 X 的分布函数为

$$F(x)=P\{X\leqslant x\}=\sum_{x_k\leqslant x}P\{X=x_k\}=\sum_{x_k\leqslant x}p_k.$$

这里和式是对所有满足 $x_k\leqslant x$ 的 p_k 求和,分布函数 $F(x)$ 在 $X=x_k(k=1,2,\cdots)$ 处具有跳跃点,其跳跃值为 $p_k=P\{X=x_k\}$, $F(x)$ 为右连续单调递增的阶梯函数.此时 X 落在区间 $[a,b]$ 或 (a,b) 的概率为

$$P\{a\leqslant x\leqslant b\}=P\{X=a\}+P\{a<X\leqslant b\}$$
$$=P\{X=a\}+F(b)-F(a),$$
$$P\{a<x<b\}=P\{a<X\leqslant b\}-P\{X=b\}$$
$$=F(b)-F(a)-P\{X=b\}.$$

【例 1】　设随机变量 X 的分布律为

X	-1	2	3
p_k	$\frac{1}{4}$	$\frac{1}{2}$	$\frac{1}{4}$

求 X 的分布函数,并求 $P\left\{X\leqslant\frac{1}{2}\right\}$, $P\left\{\frac{3}{2}<X\leqslant\frac{5}{2}\right\}$, $P\{2\leqslant X\leqslant 3\}$.

　　分析　X 仅在 $x=-1,2,3$ 三点处其概率 $p\neq0$,而 $F(x)$ 的值是 $X\leqslant x$ 的累积概率值,由概率的有限可加性,知它即为小于或等于 x 的那些 x_k 处的概率 p_k 之和.

　　解

$$F(x)=\begin{cases}0 & \text{当 } x<-1\\ P\{X=-1\} & \text{当 }-1\leqslant x<2\\ P\{X=-1\}+P\{X=2\} & \text{当 } 2\leqslant x<3\\ 1 & \text{当 } x\geqslant 3\end{cases}.$$

即

$$F(x)=\begin{cases}0 & \text{当 } x<-1\\ \dfrac{1}{4} & \text{当 }-1\leqslant x<2\\ \dfrac{3}{4} & \text{当 } 2\leqslant x<3\\ 1 & \text{当 } x\geqslant 3\end{cases}.$$

　　$F(x)$ 的图形如图 2-3 所示,它是一条阶梯形的曲线,在 $x=-1,2,3$ 处有跳跃点,跳跃值分别为 $\frac{1}{4}$, $\frac{1}{2}$, $\frac{1}{4}$.又

$$P\left\{X\leqslant\frac{1}{2}\right\}=F\left(\frac{1}{2}\right)=\frac{1}{4},$$

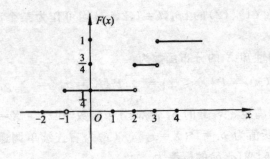

图 2-3

$$P\left\{\frac{3}{2}<X\leqslant\frac{5}{2}\right\}=F\left(\frac{5}{2}\right)-F\left(\frac{3}{2}\right)=\frac{3}{4}-\frac{1}{4}=\frac{1}{2}.$$

$$P\{2\leqslant X\leqslant3\}=F(3)-F(2)+P\{X=2\}=1-\frac{3}{4}+\frac{1}{2}=\frac{3}{4}.$$

【例 2】　设一汽车在开往目的地的道路上需经过四组信号灯,每组信号灯以 1/2 的概率允许或禁止汽车通过. 以 X 表示汽车首次停下时,它已通过的信号灯的组数(设各组信号灯的工作是相互独立的). 求 X 的分布律.

　　解　以 p 表示每组信号灯禁止汽车通过的概率,易知 X 的分布律也可写成

$$P\{X=k\}=(1-p)^kp^{1-k},k=0,1,2,3.$$

将 $p=\dfrac{1}{2}$ 代入得

X	0	1	2	3	4
$P\{X=k\}$	0.5	0.25	0.125	0.0625	0.0625

下面介绍五种常见的离散型随机变量的概率分布.

1. 0-1 分布或两点分布

设随机变量 X 只可能取 0 与 1 两个值,它的分布律是

$$P\{X=k\}=p^k(1-p)^{1-k},k=0,1 \quad (0<p<1)$$

则称 X 服从 0-1 **分布或两点分布**.

　　0-1 分布的分布律也可以写成

X	0	1
$P\{X=k\}$	$1-p$	p

对于一个随机试验,如果它的样本空间只包含两个元素,即 $\Omega=\{\omega_1,\omega_2\}$,我们总能在 Ω 上定义一个服从 0-1 分布的随机变量

$$X=X(\omega)=\begin{cases}0 & \text{当 }\omega=\omega_1\\1 & \text{当 }\omega=\omega_2\end{cases}$$

来描述这个随即试验的结果. 例如对于新生婴儿的性别进行登记, 检查产品的质量是否合格, 某车间的电力消耗是否超过负荷以及前面多次讨论过的"抛硬币"试验等都可以用 0-1 分布的随机变量来描述. 0-1 分布是经常遇到的一种分布.

0-1 分布也可以作为描绘射手射击"中"(此时, 令随机变量 X 取值为"1")与"不中"(此时, 令随机变量 X 取值为"0")的概率分布情况的一个数学模型, 或作为随机抛掷硬币落地时出现"正面"与"反面"的概率分布情况的数学模型. 当然也可以作为从一批产品中任意抽取一件得到的是"正品"或"次品"的模型.

2. 二项分布

若随机变量 X 的分布律为:

X	0	1	$\cdots$	k	$\cdots$	n
$P\{X=k\}$	$(1-p)^n$	$C_n^1 p(1-p)^{n-1}$	$\cdots$	$C_n^k p^k(1-p)^{n-k}$	$\cdots$	p^n

其中 $0<p<1, n$ 为非负整数, 则称 X 服从参数 n 和 p 为**二项分布** $B(n,p)$. 显然地, 再由二项展开式知

$$\sum_{k=1}^n P\{X=k\} = \sum_{k=1}^n C_n^k p^k (1-p)^{n-k} = (p+q)^n = 1, \text{其中 } q = 1-p.$$

由表可见, 随机变量 X 取值 k 的概率 $p\{X=k\} = C_n^k p^k (1-p)^{n-k}$ 恰好是 $(p+q)^n$ 这二项展开式的第 $k+1$ 项, 这是二项分布名称的由来. 特别的, 当 $n=1$ 时二项分布化为

$$P\{X=k\} = p^k(1-p)^{1-k}, k=0,1 \text{ 即为 } 0\text{-}1 \text{ 分布}.$$

【例3】 按规定某种型号电子元件的使用寿命超过 1500h 的为一级品. 已知某一大批产品的一级品率为 0.2, 现在从中随机地抽查 20 只, 问 20 只元件中恰有 k 只 ($k=0,1,2,\cdots,20$) 为一级品的概率是多少?

解　此题目是不放回抽样. 但由于这批元件的总数很大, 且抽样的元件的数量相对于元件的总数来说又很小, 因而可以当作有放回抽样来处理, 这样做会有一些误差, 但误差很小. 我们将检查一只元件看它是否为一级品看成是一次试验, 检查 20 只元件相当于做 20 重伯努利试验. 以 X 记 20 只元件中一级品的只数, 那么, X 是一个随机变量, 且有 $X \sim B(20, 0.2)$. 所求概率为

$$P\{X=k\} = C_{20}^k (0.2)^k (0.8)^{20-k}, k=0,1,\cdots,20.$$

将计算结果列表如下:

$P\{X=0\}=0.012$	$P\{X=4\}=0.218$	$P\{X=8\}=0.022$
$P\{X=1\}=0.058$	$P\{X=5\}=0.175$	$P\{X=9\}=0.007$
$P\{X=2\}=0.137$	$P\{X=6\}=0.109$	$P\{X=10\}=0.002$
$P\{X=3\}=0.205$	$P\{X=7\}=0.055$	
$P\{X=k\}<0.001,$ 当 $k \geqslant 11$ 时		

为了对本题的结果有一个直观了解,我们作出上表的图形,如图 2-4 所示.

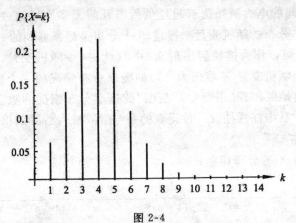

图 2-4

从图 2-4 中看到,当 k 增加时,概率 $P\{X=k\}$ 先是随之增加,直至达到最大值(本例中当 $k=4$ 时取到最大值),随后单调减少,我们指出,一般,对于固定的 n 及 p,二项分布 $B(n,p)$ 都具有这一性质.

【例 4】　某人进行射击,设每次射击的命中率为 0.02,独立射击 400 次,试求至少击中两次的概率.

解　将一次射击看成是一次试验.设击中的次数为 X,则 $X\sim B(400,0.02)$. X 的分布律为

$$p\{X=k\}=C_{400}^{k}(0.02)^{k}(0.98)^{400-k},k=0,1,\cdots,400.$$

于是所求概率为

$$P\{X\geqslant 2\}=1-P\{X=0\}-P\{X=1\}$$
$$=1-(0.98)^{400}-400\cdot(0.02)\cdot(0.98)^{399}=0.9972.$$

【例 5】　设有 80 台同类型设备,各台工作是相互独立的,发生故障的概率都是 0.01,且一台设备出现故障由一个人处理.考虑两种分配维修工人的方法,其一是由 4 人维护,每人负责 20 台;其二是由 3 人共同维护 80 台.试比较这两种方法在设备发生故障时不能及时维修的概率的大小.

解　以 X 记"第 1 人维护的 20 台中同一时刻发生故障的台数",以 $A_i(i=1,2,3,4)$ 表示事件"第 i 人维护的 20 台中发生故障不能及时维修",则知 80 台中发生故障而不能及时维修的概率为

$$P(A_1\cup A_2\cup A_3\cup A_4)\geqslant P(A_1)=P\{X\geqslant 2\}.$$

而 $X\sim B(20,0.01)$,故有

$$P\{X\geqslant 2\}=1-\sum_{k=0}^{1}P\{X=k\}$$

$$= 1 - \sum_{k=0}^{1} C_{20}^{k}(0.01)^{k}(0.99)^{20-k} = 0.0169.$$

即有 $P(A_1 \cup A_2 \cup A_3 \cup A_4) \geqslant 0.0169.$

另外以 Y 记 80 台中同一时刻发生故障的台数. 此时,$Y \sim B(80,0.01)$,故 80 台中发生故障而不能及时维修的概率为

$$P\{Y \geqslant 4\} = 1 - \sum_{k=0}^{3} C_{80}^{k}(0.01)^{k}(0.99)^{80-k} = 0.0087.$$

我们发现,在后一种情况尽管任务重了(每人平均维护约 27 台),但工作效率不仅没有降低,反而提高了.

3. 泊松分布

设随机变量 X 所有可能取值为 $0,1,2,\cdots$,而取各个值的概率为

$$P\{X=k\} = \frac{\lambda^k e^{-\lambda}}{k!}, k=0,1,2,\cdots.$$

其中 $\lambda > 0$ 为参数. 则称 X 服从参数 λ 的**泊松分布**,记为 $X \sim P(\lambda)$.

易知,$P\{X=k\} \geqslant 0, k=0,1,2,\cdots$,且有

$$\sum_{k=0}^{\infty} P\{X=k\} = \sum_{k=0}^{\infty} \frac{\lambda^k e^{-\lambda}}{k!} = e^{-\lambda} \sum_{k=0}^{\infty} \frac{\lambda^k}{k!} = e^{-\lambda} \cdot e^{\lambda} = 1.$$

即 $P\{X=k\}$ 满足条件非负性和归一性.

泊松分布的应用相当广泛,它可以作为描述大量试验中稀有事件出现次数的概率分布情况的一个数学模型. 例如,一本书一页中的印刷错误数;某地区在一天内邮递遗失的信件数;某医院在一天内的急诊病人数;某地区一个时间间隔内发生交通事故的次数;在一个时间间隔内某种放射性物质发出的经过计数器的 α 粒子数等都服从泊松分布. 泊松分布也是概率论中的一种重要分布.

一般地,在 $n \geqslant 20, np = \lambda \leqslant 5$ 时,二项分布用泊松分布近似代替. 即

$$C_{n}^{k} p^{k}(1-p)^{n-k} \approx \frac{\lambda^k}{k!} e^{-\lambda}.$$

【例 6】 设书中的某一页上印刷错误的个数服从参数为 $\lambda = 0.5$ 的泊松分布,求在这一页上至少有一处印刷错误的概率.

解 令 X 表示在这一页上印刷错误的个数,则 $X \sim P(0.5)$,故

$$P\{X \geqslant 1\} = 1 - P\{X=0\} = 1 - e^{-0.5} \approx 0.3935.$$

泊松分布和二项分布之间存在密切关系,下面我们不加证明地介绍泊松分布和二项分布的关系定理.

定理 2.1(泊松定理) 设随机变量 $X_n \sim B(n, p_n), n=1,2,\cdots$,即

$$P\{X_n=k\} = C_n^k p_n^k (1-p_n)^{n-k}, k=0,1,\cdots,n.$$

若 $\lim_{n \to \infty} np_n = \lambda > 0$,则有

$$\lim_{n \to \infty} P\{X_n = k\} = \frac{\lambda^k e^{-\lambda}}{k!}.$$

【例7】 设随机变量 $X \sim B(5000, 0.001)$，求 $P\{X>1\}$.

解 因 $n=5000$ 很大，而 $p=0.001$ 很小，$\lambda = np = 5$，由泊松定理有

$$P\{X>1\} = 1 - P\{X=0\} - P\{X=1\}$$
$$= 1 - C_{5000}^0 (0.001)^0 (0.999)^{5000} - C_{5000}^1 (0.001)^1 (0.999)^{4999}$$
$$\approx 1 - e^{-5} - 5e^{-5} \approx 0.95957.$$

4. 几何分布

设在一次试验中事件 A 发生或不发生，并假定这试验可独立地重复进行，在每次重复试验中，事件 A 发生的概率 $P(A)=p$ 保持不变，则直到事件 A 首次发生需要的试验次数 X 是一个随机变量，它的可能取值为 $1,2,\cdots$，且 $P\{X=k\} = (1-p)^{k-1} p, k=1,2,\cdots$. 称上述随机变量 X 服从参数为 p 的**几何分布**.

【例8】 某人投篮命中率为 0.4，问首次投中前，未投中次数小于 5 的概率是多少？

解 设 X 为首次投中时已投篮的次数，显然 X 服从参数为 0.4 的几何分布，即

$$P\{X=k\} = (0.6)^{k-1} \times 0.4.$$

而事件"首次投中前，未投中次数少于 5 次"可表示为 $P\{X \leqslant 5\}$，它们的概率为

$$P\{X \leqslant 5\} = \sum_{k=1}^{5} (0.6)^{k-1} \times 0.4 = 0.92.$$

2.3　一维连续性随机变量

离散型随机变量并不能描述所有的随机试验，如加工零件的长度与规定的长度的偏差可以取值于包含原点的某一区间，对于这一类在某一区间内任意取值的随机变量 X，由于它的值不是集中在有限个或可列个点上，因此只有知道其取值于任一区间上的概率，才能掌握它的取值的概率分布情况. 对于这种取值非离散型的随机变量，其中有一类很重要也很常见的类型，就是所谓的连续性随机变量.

定义 2.5 设随机变量 X 的分布函数为 $F(x)$，若存在非负函数 $f(x)$，使得对于任意实数 x 有

$$F(x) = \int_{-\infty}^{x} f(t) \mathrm{d}t,$$

则称 X 具有**连续型分布**或称 X 是**连续型随机变量**，称 $f(x)$ 为 X 的**分布密度**或**密度函数**或**概率密度**.

易知连续型随机变量的分布函数是连续函数. 显然，密度函数具有如下性质：

(1)$f(x) \geqslant 0$(非负性);

(2)$\int_{-\infty}^{+\infty} f(x)\mathrm{d}x = 1$(归一性).

反之,可以证明,对于定义在实数集 **R** 的任一函数,若满足上面两条性质,则它一定是某个连续型随机变量的密度函数.

(3)$P\{a < X \leqslant b\} = F(b) - F(a) = \int_a^b f(x)\mathrm{d}x.$

(4)若 $f(x)$ 在点 x 处连续,则 $F'(x) = f(x)$.

(5)对于任意实数 a,有 $P\{X = a\} = 0$.

证明　由于 $\{X = a\} \subset \{a - \Delta x < X \leqslant a\}$,故
$$0 \leqslant P\{X = a\} \leqslant P\{a - \Delta x < X \leqslant a\} = F(a) - F(a - \Delta x).$$

令 $\Delta x \to 0^+$,由 $F(x)$ 的连续性得 $P\{X = a\} = 0$.

注意①式(1)表示密度函数曲线在 x 轴上方;

②式(2)表示密度函数曲线与横轴之间的面积等于1;

③式(3)表示事件 $\{a < X \leqslant b\}$ 的概率等于区间 $(a, b]$ 上密度函数 $f(x)$ 之下,横轴之上的曲边梯形的面积,如图 2-5 所示.

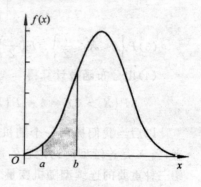

④对于连续性随机变量 X,由 $P\{X = a\} = 0$ 并不能推出 $\{X = a\}$ 是不可能事件. 即对于任一事件 A,若 A 是不可能事件,则有 $P(A) = 0$,反之,若 $P(A) = 0$,则不能推出 A 是不可能事件;同理,若 A 是必然事件,则有 $P(A) = 1$,反之,若 $P(A) = 1$,则不能推出 A 是必然事件.

图 2-5

⑤在计算连续性随机变量落在某一区间内的概率时,有
$$P\{a < X < b\} = P\{a < X \leqslant b\} = P\{a \leqslant X < b\} = P\{a \leqslant X \leqslant b\}.$$

【例1】　设随机变量 X 具有概率密度

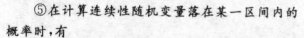

$$f(x) = \begin{cases} kx & \text{当 } 0 \leqslant x < 3 \\ 2 - \dfrac{x}{2} & \text{当 } 3 \leqslant x \leqslant 4, \\ 0 & \text{其他} \end{cases}$$

(1)确定常数 k;(2)求 X 的分布函数 $F(x)$;(3)求 $P\left\{1 < X \leqslant \dfrac{7}{2}\right\}$;(4)求 $P\{X > 2\}$.

解　(1)由 $\int_{-\infty}^{+\infty} f(x)\mathrm{d}x = 1$,得

$$\int_0^3 kx\,\mathrm{d}x + \int_3^4 (2 - \frac{x}{2})\,\mathrm{d}x = 1$$

解得 $k = \frac{1}{6}$，于是 X 的概率密度为

$$f(x) = \begin{cases} \dfrac{x}{6} & \text{当 } 0 \leqslant x < 3 \\ 2 - \dfrac{x}{2} & \text{当 } 3 \leqslant x \leqslant 4. \\ 0 & \text{其他} \end{cases}$$

(2) X 的分布函数为

$$F(x) = \begin{cases} 0 & \text{当 } x < 0 \\ \dfrac{x^2}{12} & \text{当 } 0 \leqslant x < 3 \\ -3 + 2x - \dfrac{x^2}{4} & \text{当 } 3 \leqslant x < 4 \\ 1 & \text{当 } x \geqslant 4 \end{cases}$$

(3) $P\left\{1 < X \leqslant \dfrac{7}{2}\right\} = F\left(\dfrac{7}{2}\right) - F(1) = \dfrac{41}{48}$.

(4) 由分布函数计算得

$$P\{X > 2\} = 1 - P\{X \leqslant 2\} = 1 - F(2) = 1 - \dfrac{1}{3} = \dfrac{2}{3}.$$

以后当我们提到一个随机变量 X 的"概率分布"时,指的是它的分布函数;或者,当 X 是连续型时讨论它的概率密度,当 X 是离散型时讨论它的分布律.下面介绍三种重要的连续型随机变量.

2.3.1 均匀分布

设连续型随机变量 X 在有限区间 (a,b) 内均匀取值,且密度函数为

$$f(x) = \begin{cases} \dfrac{1}{b-a} & \text{当 } a < x < b \\ 0 & \text{其他} \end{cases}.$$

则称 X 在 (a,b) 上服从**均匀分布**,记为 $X \sim U(a,b)$. 其密度函数图形如图 2-6 所示.

容易求得分布函数为

$$F(x) = \begin{cases} 0 & \text{当 } x \leqslant a \\ \dfrac{x-a}{b-a} & \text{当 } a < x < b. \\ 1 & \text{当 } x \geqslant b \end{cases}$$

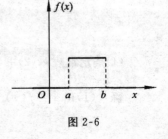

图 2-6

显然,若随机变量 X 在 (a,b) 上服从均匀分布,则有 $P\{X{\geqslant}b\}=P\{X{\leqslant}a\}=0$;且对于 $a<c<d<b$,有 $P\{c<X<d\}=\dfrac{d-c}{b-a}$,即 X 的值落在 (a,b) 的任一子区间 (c,d) 内的概率只依赖其长度,而与其位置无关.

【例 2】 设电阻值 R 是一个随机变量,均匀分布在 $900\sim1100$ Ω. 求 R 的概率密度及 R 落在 $950\sim1050$ Ω 的概率.

解 按题意,R 的概率密度为

$$f(r)=\begin{cases}\dfrac{1}{1100-900} & \text{当 } 900<r<1100,\\[2mm] 0 & \text{其他}\end{cases}$$

故有 $P\{950<R<1050\}=\displaystyle\int_{950}^{1050}\dfrac{1}{1100-900}\mathrm{d}r=0.5.$

2.3.2 指数分布

设连续性随机变量 X 的概率密度为

$$f(x)=\begin{cases}\lambda\mathrm{e}^{-\lambda x} & \text{当 } x\geqslant0\\ 0 & \text{当 } x<0\end{cases}.$$

其中 $\lambda>0$ 为常数,则称 X 服从参数为 λ 的指数分布. 记为 $X\sim\pi(\lambda)$.

容易得到随机变量 X 的分布函数为

$$F(x)=\begin{cases}1-\mathrm{e}^{-\lambda x} & \text{当 } x\geqslant0\\ 0 & \text{当 } x<0\end{cases}.$$

它的概率密度函数图如图 2-7 所示.

服从指数分布的随机变量 X 具有以下有趣的性质:

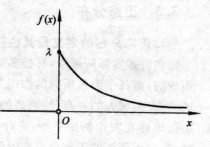

图 2-7

对于任意实数 $s,t>0$,有

$$P\{X>s+t\,|\,X>s\}=P\{X>t\}. \tag{2.1}$$

事实上,

$$P\{X>s+t\,|\,X>s\}=\frac{P\{(X>s+t)\bigcap(X>s)\}}{P\{X>s\}}$$

$$=\frac{P\{X>s+t\}}{P\{X>s\}}=\frac{1-F(s+t)}{1-F(s)}=\frac{\mathrm{e}^{-\lambda(s+t)}}{\mathrm{e}^{-\lambda s}}=\mathrm{e}^{-\lambda t}$$

$$=P\{X>t\}.$$

该性质称为指数分布的**无记忆性**. 如果 X 是某一元件的寿命,那么(2.1)式表明:已知元件已使用了 s 小时,它总共能使用至少 $s+t$ 小时的条件概率,与从开始使用时算起它至少能使用 t 小时的概率相等. 这就是说,元件对它已使用过 s 小时没有

记忆.具有这一性质是指数分布有广泛应用的重要原因.

指数分布在可靠性理论与排队论中有广泛的应用.

【例3】 已知连续性随机变量 X 的密度函数为

$$f(x)=\begin{cases} 0.015\mathrm{e}^{-0.015x} & 当\ x\geqslant0 \\ 0 & 当\ x<0 \end{cases}.$$

求:(1) $P\{X>100\}$;(2) x 为何值时,才能使 $P\{X>x\}<0.1$.

解 (1)由题意知

$$P\{X>100\}=\int_{100}^{+\infty}f(x)\mathrm{d}x=\int_{100}^{+\infty}0.015\mathrm{e}^{-0.015x}\mathrm{d}x$$

$$=-\mathrm{e}^{-0.015x}\Big|_{100}^{+\infty}=\mathrm{e}^{-1.5}.$$

(2)要使

$$P\{X>x\}=\int_{x}^{+\infty}0.015\mathrm{e}^{-0.015x}\mathrm{d}x=\mathrm{e}^{-0.015x}<0.1,$$

只需 $-0.015x<\ln 0.1$,即

$$x>\frac{-\ln 0.1}{0.015}\approx153.5.$$

2.3.3 正态分布

1.正态分布的定义及其性质

在许多实际问题中,有很多这样的随机变量,它是由许多相互独立的因素叠加而成的,而每个因素所起的作用是微小的,这种随机变量都具有"中间大,两头小"的特点.例如人的身高,特别高的人很少,特别矮的人也很少,不高不矮的人很多.类似地还有农作物的亩产,海洋波浪的高度,测量中的误差,学生的成绩等.一般地,我们用所谓的正态分布来近似地描述这种随机变量.

定义 2.6 如果连续性随机变量 X 的密度函数为

$$f(x)=\frac{1}{\sqrt{2\pi}\sigma}\mathrm{e}^{-\frac{(x-\mu)^2}{2\sigma^2}},x\in\mathbf{R}$$

其中 μ,σ 均为常数且 $\sigma>0$,则称 X 服从参数为 μ,σ 的**正态分布**或**高斯(Gauss)分布**,记为 $X\sim N(\mu,\sigma^2)$.

正态分布的密度函数 $f(x)$ 的性质:

(1) $f(x)$ 的图形关于直线 $x=\mu$ 是对称的,即 $f(\mu+x)=f(\mu-x)$

(2) $f(x)$ 在 $(-\infty,\mu)$ 内单调递增,在 $(\mu,+\infty)$ 内单调减少,在 $x=\mu$ 处取得最大值 $\frac{1}{\sqrt{2\pi}\sigma}$,且当 $x\to\pm\infty$ 时,$f(x)\to0$,这表明对于同样长度的区间,当区间离 μ 越远,X 落在该区间上的概率越小,如图 2-8 所示.

(3) $f(x)$ 在 $x=\mu\pm\sigma$ 处有拐点,以 x 轴为渐近线.

(4) $f(x)$ 的图形依赖两个参数 μ 和 σ,若固定 σ,改变 μ 的值,则 $f(x)$ 的图形沿 x 轴平行移动而不改变形状;若固定 μ 而改变 σ 的值,由于最大值为 $f(\mu)=\dfrac{1}{\sqrt{2\pi}\sigma}$,可知当 σ 越大,$f(\mu)$ 越小,$f(x)$ 图形越扁平,X 落在 μ 附近的概率与 σ 成反

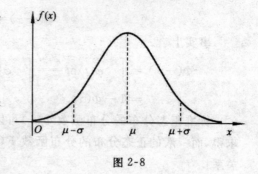

图 2-8

比.我们称 μ,σ 为正态分布的**位置参数和形状参数**,如图 2-9 所示.

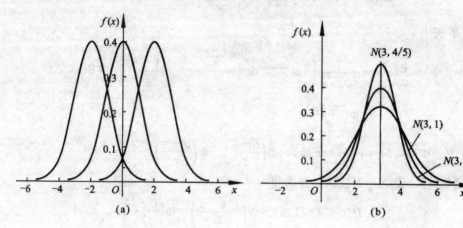

图 2-9

(5) X 的分布函数为 $F(x)=\dfrac{1}{\sqrt{2\pi}\sigma}\displaystyle\int_{-\infty}^{x}\mathrm{e}^{-\frac{(t-\mu)^2}{2\sigma^2}}\mathrm{d}t$.

2. 标准正态分布及其计算

我们称 $\mu=0,\sigma=1$ 的正态分布为**标准正态分布**,记为 $X\sim N(0,1)$,显然其密度函数为 $\varphi(x)=\dfrac{1}{\sqrt{2\pi}}\mathrm{e}^{-\frac{x^2}{2}},x\in\mathbf{R}$,

分布函数 $\Phi(x)=\dfrac{1}{\sqrt{2\pi}}\displaystyle\int_{-\infty}^{x}\mathrm{e}^{-\frac{t^2}{2}}\mathrm{d}t$,由标准正态分布的密度函数 $\varphi(x)$ 关于直线 $x=0$ 对称,即 $\varphi(-x)=\varphi(x)$.

参照图 2-10,有

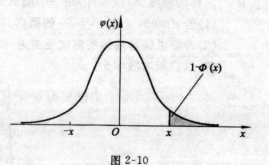

图 2-10

$$\Phi(-x)=1-\Phi(x).$$

事实上

$$\Phi(-x) = \int_{-\infty}^{-x} \varphi(t)\,\mathrm{d}t \xrightarrow{u=-t} \int_{x}^{+\infty} \varphi(u)\,\mathrm{d}u = \int_{-\infty}^{+\infty} \varphi(u)\,\mathrm{d}u - \int_{-\infty}^{x} \varphi(u)\,\mathrm{d}u$$

$$= 1-\Phi(x).$$

标准正态分布的分布函数 $\Phi(x)$ 可以通过查表及利用公式 $\Phi(-x)=1-\Phi(x)$ 求得,而一般的正态分布的分布函数 $F(x)$ 同标准正态分布的分布函数存在如下关系:

$$F(x) = \Phi\left(\frac{x-\mu}{\sigma}\right).$$

事实上,

$$F(x) = \frac{1}{\sqrt{2\pi}\sigma} \int_{-\infty}^{x} \mathrm{e}^{-\frac{(t-\mu)^2}{2\sigma^2}}\,\mathrm{d}t \xrightarrow{\diamondsuit \frac{t-\mu}{\sigma}=v} \frac{1}{\sqrt{2\pi}} \int_{-\infty}^{\frac{x-\mu}{\sigma}} \mathrm{e}^{-\frac{v^2}{2}}\,\mathrm{d}v$$

$$= \Phi\left(\frac{x-\mu}{\sigma}\right).$$

于是 $P\{a<X\leqslant b\}=F(b)-F(a)=\Phi\left(\dfrac{b-\mu}{\sigma}\right)-\Phi\left(\dfrac{a-\mu}{\sigma}\right).$

【例4】 设 $X\sim N(1,4)$,查表得

$$P\{0<X\leqslant 1.6\} = \Phi\left(\frac{1.6-1}{2}\right)-\Phi\left(\frac{0-1}{2}\right)$$

$$= \Phi(0.3)-\Phi(-0.5)$$

$$= 0.6179-[1-\Phi(0.5)]$$

$$= 0.6179-1+0.6915 = 0.3094.$$

【例5】 将一温度调节器放置在贮存着某种液体的容器内,调节器调整在 $d℃$,液体的温度 X(以℃计)是一个随机变量,且 $X\sim N(d,0.5^2)$.

(1)若 $d=90$,求 X 小于 89 的概率;

(2)若要求保持液体的温度至少为 80℃ 的概率不低于 0.99,问 d 至少为多少?

解 (1)所求概率为

$$P\{X<89\} = P\left\{\frac{X-90}{0.5}<\frac{89-90}{0.5}\right\}$$

$$= \Phi\left(\frac{89-90}{0.5}\right) = \Phi(-2)$$

$$= 1-\Phi(2) = 1-0.9772 = 0.0228.$$

(2)按题意需求 d 满足

$$0.99 \leqslant P\{X \geqslant 80\} = P\left\{\frac{X-d}{0.5} \geqslant \frac{80-d}{0.5}\right\}$$

$$= 1 - P\left\{\frac{X-d}{0.5} < \frac{80-d}{0.5}\right\} = 1 - \Phi\left\{\frac{80-d}{0.5}\right\};$$

$$\Phi\left(\frac{80-d}{0.5}\right) \leqslant 1 - 0.99 = 1 - \Phi(2.327) = \Phi(-2.327).$$

亦即 $\frac{80-d}{0.5} \leqslant -2.327$. 故需 $d > 81.1635$.

在自然现象和社会现象中,大量随机变量都服从或近似服从正态分布.例如,一个地区成年男子的身高,测量某零件长度的误差,海洋海浪的高度,半导体器件中的热噪声电流或电压等,都服从正态分布.在概率论和数理统计的理论研究和实际应用中正态随机变量起着特别重要的作用.在后续课程的学习中我们将进一步体会到正态随机变量的重要性.

2.4 多维随机变量及其分布函数

上一节我们研究了一个随机变量的情形,但在实际问题中,我们常常需要同时用几个随机变量才能较好地描述某一随机试验结果.例如,我们要研究钢轨的硬度 H 和抗张强度 T 可用 (H,T) 来描述一次实验结果;又如我们对某一地区的成年男子的身高 H 和体重 W 感兴趣,则可用 (H,W) 来描述着两个指标.这样,不仅比单独研究它们方便,还可研究它们之间的关系即硬度与抗张强度之间的关系,身高与体重之间的关系.

2.4.1 二维随机变量及其联合分布函数

定义 2.7 设 Ω 是随机试验 E 的样本空间,$X(\omega)$,$Y(\omega)$ 是定义在 Ω 上的随机变量,则称有序组 (X,Y) 为**二维随机变量**.

类似地,我们可以定义 Ω 上的 n 个随机变量 $X_1,X_2,\cdots X_n$ 组成的有序组 $(X_1,X_2,\cdots X_n)$ 为 n **维随机变量**或 n **维随机向量**.

定义 2.8 设 (X,Y) 是二维随机变量,对于任意实数 x,y,称二元函数

$$F(x,y) = P\{X \leqslant x, Y \leqslant y\}$$

为 (X,Y) 的分布函数,或称为 X 与 Y 的**联合分布函数**,简称为**分布函数**.

其中事件 $\{X \leqslant x, Y \leqslant y\}$ 表示事件 $\{X \leqslant x\}$ 与事件 $\{Y \leqslant y\}$ 同时发生,即 $\{X \leqslant x, Y \leqslant y\} = \{X \leqslant x\} \bigcap \{Y \leqslant y\}$.

如果将 (X,Y) 看成是平面上随机点的坐标,则分布函数 $F(x,y)$ 在 (x,y) 处的函数值就是 (X,Y) 落在图 2-11 中的区域 D 内的概率.

类似地可定义 n 维随机变量 $(X_1,X_2,\cdots X_n)$ 的分布函数为

$$F(x_1,x_2,\cdots,x_n)=P\{X_1\leqslant x_1,X_2\leqslant x_2,\cdots,X_n\leqslant x_n\}.$$

二维随机变量(X,Y)的分布函数$F(x,y)$具有如下性质：

(1)$F(x,y)$关于x和y单调递增,即当$x_1<x_2$时,有$F(x_1,y)\leqslant F(x_2,y)$;当$y_1<y_2$时,有$F(x,y_1)\leqslant F(x,y_2)$.

(2)$F(+\infty,+\infty)=\lim\limits_{\substack{x\to+\infty\\y\to+\infty}}F(x,y)=1,F(-\infty,y)=F(x,-\infty)=0.$

(3)对任意实数$x_1<x_2,y_1<y_2$,有

$$P\{x_1<X\leqslant x_2,y_1<Y\leqslant y_2\}$$
$$=F(x_2,y_2)-F(x_1,y_2)-F(x_2,y_1)+F(x_1,y_1).$$

上式所求为(X,Y)落在图 2-12 中区域 G 内的概率.

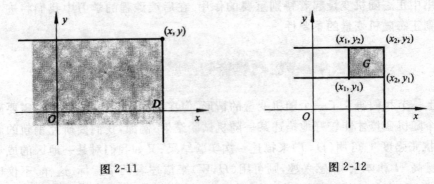

图 2-11　　　　　　　　　　　　　　图 2-12

(4)$F(x,y)$分别关于x或y右连续.

2.4.2　二维离散型随机变量

定义 2.9　二维随机变量(X,Y)的所有可能取值为有限对或可列对,则称(X,Y)为**二维离散型随机变量**.设(X,Y)的可能取值为(x_i,y_j),　$i,j=1,2,\cdots$则称p_{ij}($i,j=1,2,\cdots$)为二维离散型随机变量(X,Y)的**联合分布律**,简称概率分布或分布律.

离散型随机变量的分布律具有如下性质：

(1)$p_{ij}\geqslant0,i,j=1,2,\cdots$.

(2)$\sum\limits_{i=0}^{+\infty}\sum\limits_{j=0}^{+\infty}p_{ij}=1$,且有

$$F(x,y)=\sum_{x_i\leqslant x}\sum_{y_j\leqslant y}P\{X=x_i,Y=y_j\}=\sum_{x_i\leqslant x}\sum_{y_j\leqslant y}p_{ij}.$$

显然 X 的分布律为

$$P\{X=x_i\}=P\{X=x_i,y<+\infty\}=\sum_{j=1}^{\infty}p_{ij}=p_{i.}\quad i=1,2,\cdots,$$

同理

$$P\{Y = y_j\} = P\{x < +\infty, Y = y_j\} = \sum_{i=1}^{\infty} p_{ij} = p_{\cdot j}, \quad j = 1, 2, \cdots.$$

称 $p_{i\cdot}$ 和 $p_{\cdot j}$ $(i, j = 1, 2, \cdots)$ 为 (X, Y) 分别关于 X 和 Y 的**边缘分布律**. 关于分布律及边缘分布律有如下的表格形式:

X＼Y	y_1	y_2	$\cdots$	y_j	$\cdots$	$P\{X = x_i\}$
x_1	p_{11}	p_{12}	$\cdots$	p_{1j}	$\cdots$	$p_{1\cdot}$
x_2	p_{21}	p_{22}	$\cdots$	p_{2j}	$\cdots$	$p_{2\cdot}$
$\vdots$	$\vdots$	$\vdots$		$\vdots$		$\vdots$
x_i	p_{i1}	p_{i2}	$\cdots$	p_{ij}	$\cdots$	$p_{i\cdot}$
$\vdots$	$\vdots$	$\vdots$		$\vdots$		$\vdots$
$P\{Y = y_j\}$	$p_{\cdot 1}$	$p_{\cdot 2}$	$\cdots$	$p_{\cdot j}$	$\cdots$	$\sum_{i=1}^{\infty} p_{i\cdot} = \sum_{j=1}^{\infty} p_{\cdot j} = \sum_{i=1}^{\infty} \sum_{j=1}^{\infty} p_{ij} = 1$

2.4.3　二维连续型随机变量

定义 2.10　设 $F(x, y)$ 是二维随机变量 (X, Y) 的联合分布函数,如果存在非负函数 $f(x, y)$,使对任意实数 x, y,有

$$F(x, y) = \int_{-\infty}^{x} \int_{-\infty}^{y} f(u, v) \mathrm{d}u \mathrm{d}v$$

则称 (X, Y) 是**二维连续型随机变量**,称 $f(x, y)$ 为 (X, Y) 的**联合概率密度**或简称**密度函数**.

显然,密度函数具有下列性质:

(1) $f(x, y) \geqslant 0$(非负性);

(2) $\int_{-\infty}^{+\infty} \int_{-\infty}^{+\infty} f(x, y) \mathrm{d}x \mathrm{d}y = F(+\infty, +\infty) = 1$ (归一性);

(3) 设 G 是 xOy 平面内的任一区域,则 (X, Y) 落在该区域的概率为

$$P\{(X, Y) \in G\} = \iint_G f(x, y) \mathrm{d}x \mathrm{d}y;$$

(4) 若 $f(x, y)$ 在点 (x, y) 处连续,则有

$$\frac{\partial^2 F(x, y)}{\partial x \partial y} = f(x, y).$$

【例 1】　设 G 是平面上一有界区域,其面积为 A,若 (X, Y) 的联合密度函数为

$$f(x, y) = \begin{cases} \dfrac{1}{A} & \text{当 } (x, y) \in G, \\ 0 & \text{其他} \end{cases}$$

则称二维随机变量 (X, Y) 在 G 上服从**二维均匀分布**.

今有一平面区域 $G: 0 \leqslant x \leqslant 10, 0 \leqslant y \leqslant 10$,又设 (X, Y) 在 G 上服从均匀分布,求

$P\{X+Y\leqslant 5\}$ 和 $P\{X+Y\leqslant 15\}$.

解　容易求得 G 的面积为 100，故 (X,Y) 的密度函数为

$$f(x,y)=\begin{cases}\dfrac{1}{100} & \text{当 } 0\leqslant x\leqslant 10,0\leqslant y\leqslant 10\\[2mm] 0 & \text{其他}\end{cases}.$$

设 A 为直线 $x+y=5$ 及 x 轴，y 轴所围成的区域(见图 2-13(a))，则

$$\begin{aligned}P\{X+Y\leqslant 5\} &= P\{(X,Y)\in A\}\\ &=\iint_{A}\frac{1}{100}\mathrm{d}x\mathrm{d}y\\ &=\int_{0}^{5}\mathrm{d}x\int_{0}^{5-x}\frac{1}{100}\mathrm{d}y\\ &=\frac{1}{8};\end{aligned}$$

设 B 为直线 $x+y=15$ 及 x 轴，y 轴所围成的区域(见图 2-13(b))，则

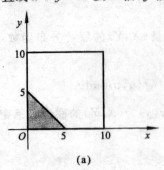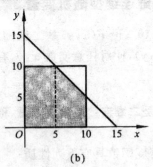

(a)　　　　　　　　(b)

图 2-13

$$\begin{aligned}P\{X+Y\leqslant 15\} &= P\{(X,Y)\in B\}\\ &=\iint_{B}\frac{1}{100}\mathrm{d}x\mathrm{d}y\\ &=\int_{0}^{5}\mathrm{d}x\int_{0}^{10}\frac{1}{100}\mathrm{d}y+\int_{5}^{10}\mathrm{d}x\int_{0}^{15-x}\frac{1}{100}\mathrm{d}y\\ &=\frac{7}{8}.\end{aligned}$$

因为是均匀分布，被积函数是常数，我们可以直接由积分的几何意义知

$$\iint_{A}\frac{1}{100}\mathrm{d}x\mathrm{d}y=\frac{1}{100}\times A \text{ 的面积}=\frac{1}{8};$$

$$\iint_{B}\frac{1}{100}\mathrm{d}x\mathrm{d}y=\frac{1}{100}\times B \text{ 的面积}=\frac{7}{8}.$$

2.4.4　边缘分布函数

虽然知道了 (X,Y) 的联合分布函数,仍希望能够从中求出 X 和 Y 各自的分布函数,这就是所谓的**边缘分布函数**.

因 $\{X \leqslant x\} = \{X \leqslant x, Y < +\infty\}$,故

$$F_X(x) = P\{X \leqslant x\} = P\{X \leqslant x, Y < +\infty\} = F(x, +\infty).$$

同理,有

$$F_Y(y) = P\{Y \leqslant y\} = P\{X < +\infty, Y \leqslant y\} = F(+\infty, y).$$

称 $F_X(x), F_Y(y)$ 分别为 (X,Y) 关于 X 和 Y 的边缘分布函数,简称为 X 和 Y 的边缘分布函数. 实际上,它们就是 X 和 Y 的分布函数.

【例2】　设随机变量 X 和 Y 具有联合概率密度

$$f(x,y) = \begin{cases} 6 & \text{当 } x^2 \leqslant y \leqslant x, 0 \leqslant x \leqslant 1, \\ 0 & \text{其他} \end{cases}$$

求边缘概率密度 $f_X(x), f_Y(y)$.

解　$f_X(x) = \displaystyle\int_{-\infty}^{+\infty} f(x,y) \mathrm{d}y = \begin{cases} \displaystyle\int_{x^2}^{x} 6\mathrm{d}y = 6(x - x^2) & \text{当 } 0 \leqslant x \leqslant 1; \\ 0 & \text{其他} \end{cases}$

$$f_Y(y) = \int_{-\infty}^{+\infty} f(x,y) \mathrm{d}x$$

$$= \begin{cases} \displaystyle\int_{y}^{\sqrt{y}} 6\mathrm{d}x = 6(\sqrt{y} - y) & \text{当 } 0 \leqslant y \leqslant 1 \\ 0 & \text{其他} \end{cases}$$

n 维随机变量 $(X_1, X_2, \cdots, X_n)$,若它的分布函数为 $F(x_1, x_2, \cdots, x_n)$,则对于任意随机变量 $X_i (i = 1, 2, \cdots)$,其边缘分布函数

$$F_{X_i}(x_i) = P\{X_i \leqslant x_i\} = F(+\infty, \cdots, +\infty, x_i, +\infty, \cdots, +\infty).$$

2.5　相互独立随机变量的条件分布

2.5.1　随机变量的独立性

定义 2.11　设 $F(x,y)$ 为二维随机变量 (X,Y) 的联合分布函数,若

$$F(x,y) = F_X(x) F_Y(y),$$

则称随机变量 X 与 Y 相互独立.

类似地,若对于所有实数 $x_1, x_2, \cdots, x_n$,有

$$F(x_1, x_2, \cdots, x_n) = F_{X_1}(x_1) F_{X_2}(x_2) \cdots F_{X_n}(x_n),$$

则称 $X_1, X_2, \cdots, X_n$ 相互独立.

设 (X, Y) 是连续型随机变量, $f(x, y)$, $f_X(x)$, $f_Y(y)$ 分别为 (X, Y) 的概率密度和边缘概率密度,则 X 和 Y 相互独立的条件等价于 $f(x, y) = f_X(x) \cdot f_Y(y)$.

当 (X, Y) 是离散型随机变量时, X 和 Y 相互独立的条件等价于:对于 (X, Y) 的所有可能取的值 (x_i, y_j),有 $P\{X = x_i, Y = y_j\} = P\{X = x_i\} P\{Y = y_j\}$,即 $p_{ij} = p_i. \cdot p._j, i, j = 1, 2, \cdots$.

2.5.2　二维离散型随机变量的条件分布

设二维离散型随机变量 (X, Y) 的分布律为
$$P\{X = x_i, Y = y_j\} = p_{ij}, i, j = 1, 2, \cdots.$$

若 $P\{Y = y_j\} > 0$,则在已知条件 $\{Y = y_j\}$ 发生条件下,条件 $\{X = x_i\}$ 发生的概率为

$$P\{X = x_i \mid Y = y_j\} = \frac{P\{X = x_i, Y = y_j\}}{P\{Y = y_j\}} = \frac{p_{ij}}{p._j}, i = 1, 2, \cdots, \qquad (2.2)$$

上述条件概率具有下列性质:

(1) $P\{X = x_i \mid Y = y_j\} \geqslant 0, i = 1, 2, \cdots$;

(2) $\displaystyle\sum_{i=1}^{\infty} P\{X = x_i \mid Y = y_j\} = \sum_{i=1}^{\infty} \frac{p_{ij}}{p._j} = 1$.

它满足分布律的两条性质,于是我们称式(2.2)为在条件 $Y = y_j$ 下随机变量 X 的**条件分布律**.

同理,若 $P\{X = x_i\} > 0$,则称

$$P\{Y = y_j \mid X = x_i\} = \frac{P\{X = x_i, Y = y_j\}}{P\{X = x_i\}} = \frac{p_{ij}}{p_i.}, j = 1, 2, \cdots$$

为在条件 $X = x_i$ 下随机变量 Y 的**条件分布律**.

2.5.3　二维连续型随机变量的条件分布

因为连续型随机变量在任意一点取值的概率为零,所以我们不能像离散型随机变量那样定义条件分布,但若极限 $\lim\limits_{\varepsilon \to 0^+} P\{X \leqslant x \mid y - \varepsilon < Y \leqslant y + \varepsilon\}$ 存在,则可定义

$$\lim_{\varepsilon \to 0^+} P\{X \leqslant x \mid y - \varepsilon < Y \leqslant y + \varepsilon\} = \lim_{\varepsilon \to 0^+} \frac{P\{X \leqslant x, y - \varepsilon < Y \leqslant y + \varepsilon\}}{P\{y - \varepsilon < Y \leqslant y + \varepsilon\}}$$

$$= \lim_{\varepsilon \to 0^+} \frac{\dfrac{F(x, y + \varepsilon) - F(x, y - \varepsilon)}{2\varepsilon}}{\dfrac{F_Y(y + \varepsilon) - F_Y(y - \varepsilon)}{2\varepsilon}} = \frac{\dfrac{\partial F(x, y)}{\partial y}}{\dfrac{\partial F_Y(y)}{\partial y}} = \frac{\displaystyle\int_{-\infty}^{x} f(u, y)\mathrm{d}u}{f_Y(y)}.$$

于是有如下定义:

定义 2.12　设 (X, Y) 是二维连续型随机变量, $f(x, y)$, $f_X(x)$, $f_Y(y)$ 分别为 (X, Y), X 及 Y 的密度函数,且对 x 和 y,有

$$f_X(x) = \int_{-\infty}^{+\infty} f(x,y)\mathrm{d}y > 0, f_Y(y) = \int_{-\infty}^{+\infty} f(x,y)\mathrm{d}x > 0,$$

则称

$$F_{X|Y}(x \mid y) = P\{X \leqslant x \mid Y \leqslant y\} = \int_{-\infty}^{x} \frac{f(u,y)}{f_Y(y)}\mathrm{d}u.$$

为在条件 $Y=y$ 下 X 的**条件分布函数**. 称

$$F_{Y|X}(y \mid x) = P\{Y \leqslant y \mid X \leqslant x\} = \int_{-\infty}^{y} \frac{f(x,v)}{f_X(x)}\mathrm{d}v.$$

为在条件 $X=x$ 下 Y 的**条件分布函数**. 同时, 我们称

$$f_{X|Y}(x \mid y) = \frac{f(x,y)}{f_Y(y)}.$$

为在条件 $Y=y$ 下 X 的**条件密度函数**, 称

$$f_{Y|X}(y \mid x) = \frac{f(x,y)}{f_X(x)}.$$

为在条件 $X=x$ 下 Y 的**条件密度函数**.

若 X, Y 相互独立, 则 $f_{X|Y}(x \mid y) = \dfrac{f(x,y)}{f_Y(y)} = \dfrac{f_X(x)f_Y(y)}{f_Y(y)} = f_X(x)$,

同理, $f_{Y|X} = f_Y(y)$.

即相互独立的连续型随机变量的条件密度函数等于它的边缘密度函数.

2.6　随机变量函数的分布

设 X 是定义在样本空间 Ω 上的随机变量, $y=g(x)$ 是 x 的一个实值连续函数, 可以证明, $Y=g(X)$ 也是一个随机变量. 在实际生活中, 我们也经常遇到这样的问题, 所研究的随机变量 Y 正好是另一个随机变量 X 的函数, 即 $Y=g(X)$. 于是, 自然要问: 能否根据已知随机变量 X 的分布求随机变量函数 $Y=g(X)$ 的分布?

2.6.1　一维离散型随机变量函数的分布

【例 1】　设随机变量 X 的分布律为

X	-2	-1	0	1	3
P	0.1	0.2	0.3	0.1	0.3

求: (1) $2X+1$, 　(2) X^2+1 的分布律.

解　由 X 的分布律可列出下表

P	0.1	0.2	0.3	0.1	0.3
X	-2	-1	0	1	3
$2X+1$	-3	-1	1	3	7
X^2+1	5	2	1	2	10

由上表可得出:

(1)$2X+1$ 的分布律为

$2X+1$	-3	-1	1	3	7
P	0.1	0.2	0.3	0.1	0.3

(2)X^2+1 的分布律为

X^2+1	1	2	5	10
P	0.3	0.3	0.1	0.3

一般地,可用下表由 X 的分布律求出 $Y=g(X)$ 的分布律

X	x_1	x_2	x_3	$\cdots$	x_i	$\cdots$
P	p_1	p_2	p_3	$\cdots$	p_i	$\cdots$
$Y=g(x)$	$g(x_1)$	$g(x_2)$	$g(x_3)$	$\cdots$	$g(x_i)$	$\cdots$

把 $g(x_1),g(x_2),g(x_3),\cdots,g(x_i),\cdots$适当整理排列,$g(x_i)$中有相同的取值则由对应的概率值相加即可.

2.6.2　一维连续型随机变量函数的分布

设 X 是连续型随机变量,其密度函数为 $f_X(x)$,则 $Y=g(X)$ 也是连续型随机变量,它的分布函数为

$$F_Y(y) = P\{Y \leqslant y\} = P\{g(X) \leqslant y\} = \int_{\{x|g(x) \leqslant y\}} f(x)\mathrm{d}x. \tag{2.3}$$

Y 的密度函数为

$$f_Y(y) = F_Y'(y).$$

【例2】　设随机变量 X 的概率密度为 $f_X(x)$,求下列随机变量函数的概率密度:

(1)$Y=aX+b,a>0$;　(2)$Z=X^2$.

解　(1)$F_Y(y)=P\{aX+b \leqslant y\}=P\left\{X \leqslant \dfrac{y-b}{a}\right\}=F_X\left(\dfrac{y-b}{a}\right)$,

于是　　　　　　　　$f_Y(y)=\dfrac{\mathrm{d}}{\mathrm{d}y}F_X\left(\dfrac{y-b}{a}\right)=\dfrac{1}{a}f_X\left(\dfrac{y-b}{a}\right)$;

$$(2) F_Z(z) = P\{X^2 \leqslant z\} = \begin{cases} P\{-\sqrt{z} \leqslant X \leqslant \sqrt{z}\} & \text{当 } z > 0 \\ 0 & \text{当 } z \leqslant 0 \end{cases}$$

$$= \begin{cases} F_X(\sqrt{z}) - F_X(-\sqrt{z}) & \text{当 } z > 0 \\ 0 & \text{当 } z \leqslant 0 \end{cases}.$$

于是

$$f_Z(z) = \frac{\mathrm{d}}{\mathrm{d}z} F_Z(z) = \begin{cases} \dfrac{1}{2\sqrt{z}}[f_X(\sqrt{z}) + f_X(-\sqrt{z})] & \text{当 } z > 0 \\ 0 & \text{当 } z \leqslant 0 \end{cases}.$$

【例 3】 设随机变量 $X \sim N(\mu, \sigma^2)$，证明 X 的线性函数 $Y = aX + b\,(a \neq 0)$ 也服从正态分布.

证明 X 的密度函数为

$$f_X(x) = \frac{1}{\sqrt{2\pi}\sigma} e^{-\frac{(x-\mu)^2}{2\sigma^2}}.$$

$$F_Y(y) = P\{Y \leqslant y\} = P\{aX + b \leqslant y\} = \begin{cases} P\left\{X \leqslant \dfrac{y-b}{a}\right\} = F_X\left(\dfrac{y-b}{a}\right) & \text{当 } a > 0 \\ P\left\{X \geqslant \dfrac{y-b}{a}\right\} = 1 - F_X\left(\dfrac{y-b}{a}\right) & \text{当 } a < 0 \end{cases}$$

故 $Y = aX + b$ 的密度函数为

$$f_Y(y) = \frac{1}{|a|} f_X\left(\frac{y-b}{a}\right) = \frac{1}{|a|} \frac{1}{\sqrt{2\pi}\sigma} e^{-\frac{\left(\frac{y-b}{a}-\mu\right)^2}{2\sigma^2}}$$

$$= \frac{1}{\sqrt{2\pi}\sigma|a|} e^{-\frac{[y-(b+a\mu)]^2}{2(a\sigma)^2}}.$$

故 Y 服从正态分布且 $Y \sim N(a\mu + b, (a\sigma)^2)$.

特别地，取 $a = \dfrac{1}{\sigma}, b = -\dfrac{\mu}{\sigma}$，有 $Y = \dfrac{x-\mu}{\sigma} \sim N(0,1)$，我们称之为**正态分布的标准化**.

2.6.3 二维离散型随机变量函数的分布

设 (X, Y) 是二维离散型随机变量，$g(x, y)$ 是二元连续函数，则 $Z = g(X, Y)$ 称为**二维离散型随机变量函数**. 它仍然是一个离散型随机变量. 设 Z, X, Y 的可能值分别为 $z_i, x_j, y_k (i, j, k = 1, 2, \cdots)$. 令

$$C_i = \{(x_j, y_k) \mid g(x_j, y_k) = z_i\}$$

则有

$$P\{Z = z_i\} = P\{g(X, Y) = z_i\} = P\{(X, Y) \in C_i\}$$

$$= \sum_{(x_j, y_k) \in C_i} P\{X = x_j, Y = y_k\}.$$

【例 4】 设随机变量 X 与 Y 相互独立,且 $X \sim P(\lambda_1)$,$Y \sim P(\lambda_2)$,求 $X+Y$ 的分布律.

解　$X+Y$ 的可能取值为 $0,1,2,\cdots$

$$\begin{aligned}
P\{X+Y=i\} &= \sum_{k=0}^{i} P\{X=k,Y=i-k\} \\
&= \sum_{k=0}^{i} P\{X=k\}P\{Y=i-k\} \\
&= \sum_{k=0}^{i} \left[\frac{\lambda_1^k}{k!}e^{-\lambda_1} \cdot \frac{\lambda_2^{i-k}}{(i-k)!}e^{-\lambda_2} \right] \\
&= \frac{e^{-(\lambda_1+\lambda_2)}}{i!} \sum_{k=0}^{i} \left[\frac{i!}{k!(i-k)!}\lambda_1^k \lambda_2^{i-k} \right] \\
&= \frac{(\lambda_1+\lambda_2)^i}{i!}e^{-(\lambda_1+\lambda_2)} \quad i=0,1,2,\cdots
\end{aligned}$$

即　　　　　　　　　　　　　$X+Y \sim P(\lambda_1+\lambda_2).$

进一步,我们可以把上述结论推广到 n 个的情形,即 n 个相互独立的泊松分布之和仍服从泊松分布,且参数为相应的随机变量的参数之和,称之为**泊松分布的可加性**.

类似地,二项分布也具有可加性,即若 $X \sim B(n_1,p)$,$Y \sim B(n_2,p)$ 且相互独立,则 $X+Y \sim B(n_1+n_2,p)$.

若 $X_1,X_2,\cdots,X_n$ 相互独立,$X_i \sim B(1,p)$,$i=1,2,\cdots,n$,则有

$$X_1+X_2+\cdots+X_n \sim B(n,p)$$

即二项分布可表示为有限个相互独立的 0-1 分布之和.

2.6.4　二维连续型随机变量函数的分布

设 (X,Y) 是二维连续型随机变量,其联合密度函数为 $f(x,y)$,则随机变量函数 $Z=G(X,Y)$($G(x,y)$ 是二元连续函数)是一维连续型随机变量,其分布函数为

$$F_Z(z) = P\{G(X,Y) \leqslant z\} = \iint\limits_{\{(x,y)\,|\,G(x,y) \leqslant z\}} f(x,y)\mathrm{d}x\mathrm{d}y,$$

Z 的密度函数为 $f_Z(z)=F_Z'(z)$.

根据上述方法,求连续型随机变量的分布问题原则上算是解决了,但其具体计算时,往往很复杂.下面我们就其中特殊情况加以讨论.

1. $Z=X+Y$ 的分布

设 (X,Y) 的密度函数为 $f(x,y)$,则 $Z=X+Y$ 的分布函数为(积分区域见图 2-14).

$$F_Z(z) = P\{Z \leqslant z\} = P\{X + Y \leqslant z\}$$

$$= \iint\limits_{x+y \leqslant z} f(x,y)\mathrm{d}x\mathrm{d}y = \int_{-\infty}^{+\infty}\left[\int_{-\infty}^{z-y} f(x,y)\mathrm{d}x\right]\mathrm{d}y$$

$$\xrightarrow{\quad\diamond\, x = u - y\quad} \int_{-\infty}^{+\infty}\left[\int_{-\infty}^{z} f(u-y,y)\mathrm{d}u\right]\mathrm{d}y$$

$$= \int_{-\infty}^{z}\left[\int_{-\infty}^{+\infty} f(u-y,y)\mathrm{d}y\right]\mathrm{d}u.$$

于是 Z 的概率密度为

$$f_Z(z) = F_Z'(z) = \int_{-\infty}^{+\infty} f(z-y,y)\mathrm{d}y.$$

由 X 与 Y 的对称性又得

$$f_Z(z) = \int_{-\infty}^{+\infty} f(x,z-x)\mathrm{d}x.$$

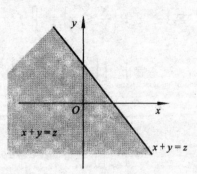

图 2-14

【例 5】　设 X 和 Y 是两个相互独立的随机变量. 它们都服从 $N(0,1)$ 分布, 其概率密度为

$$f_X(x) = \frac{1}{\sqrt{2\pi}}\mathrm{e}^{-x^2/2},$$

$$f_Y(y) = \frac{1}{\sqrt{2\pi}}\mathrm{e}^{-y^2/2}.$$

求 $Z = X + Y$ 的概率密度.

解　$$f_Z(z) = \int_{-\infty}^{+\infty} f(x,z-x)\mathrm{d}x = \int_{-\infty}^{+\infty} f_X(x)f_Y(z-x)\mathrm{d}x$$

$$= \frac{1}{2\pi}\int_{-\infty}^{+\infty} \mathrm{e}^{-\frac{x^2}{2}}\cdot \mathrm{e}^{-\frac{(z-x)^2}{2}}\mathrm{d}x$$

$$= \frac{1}{2\pi}\mathrm{e}^{-\frac{z^2}{4}}\int_{-\infty}^{+\infty} \mathrm{e}^{-(x-\frac{z}{2})^2}\mathrm{d}x,$$

令 $t = x - \dfrac{z}{2}$, 得

$$f_Z(z) = \frac{1}{2\pi}\mathrm{e}^{-\frac{z^2}{4}}\int_{-\infty}^{+\infty} \mathrm{e}^{-t^2}\mathrm{d}t = \frac{1}{2\pi}\mathrm{e}^{-\frac{z^2}{4}}\sqrt{\pi} = \frac{1}{2\sqrt{\pi}}\mathrm{e}^{-\frac{z^2}{4}}.$$

即 Z 服从 $N(0,2)$ 分布.

一般, 设 X, Y 相互独立且 $X \sim N(\mu_1, \sigma_1^2), Y \sim N(\mu_2, \sigma_2^2)$. 由卷积公式计算知 $Z = X + Y$ 仍然服从正态分布, 且有 $Z \sim N(\mu_1 + \mu_2, \sigma_1^2 + \sigma_2^2)$. 这个结论还能推广到 n 个独立正态随机变量之和的情况. 即若 $X_i \sim N(\mu_i, \sigma_i^2)(i=1,2,\cdots,n)$, 且它们相互独立, 则它们的和 $Z = X_1 + X_2 + \cdots + X_n$ 仍然服从正态分布, 且有

$$Z \sim N(\mu_1 + \mu_2 + \cdots + \mu_n, \sigma_1^2 + \sigma_2^2 + \cdots + \sigma_n^2).$$

更一般地,可以证明有限个相互独立的正态随机变量的线性组合仍然服从正态分布.

2. $Z=\dfrac{X}{Y}$ 的分布

设 (X,Y) 的联合密度函数为 $f(x,y)$,则 $Z=X/Y$ 的分布函数为(积分区域见图 2-15)

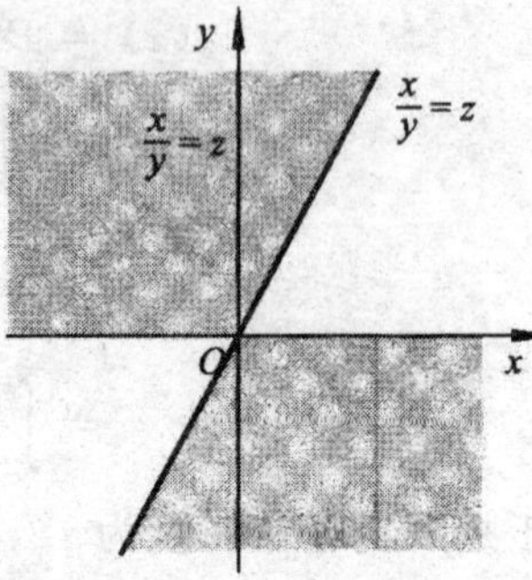

$$F_Z(z) = P\left\{\frac{X}{Y} \leqslant z\right\} = \iint\limits_{\frac{x}{y} \leqslant z} f(x,y)\mathrm{d}x\mathrm{d}y$$

$$= \int_{-\infty}^{0}\left[\int_{yz}^{+\infty} f(x,y)\mathrm{d}x\right]\mathrm{d}y + \int_{0}^{+\infty}\left[\int_{-\infty}^{yz} f(x,y)\mathrm{d}x\right]\mathrm{d}y$$

$$\xlongequal{\diamondsuit\, u=\frac{x}{y}} \int_{-\infty}^{0}\left[\int_{z}^{-\infty} yf(uy,y)\mathrm{d}u\right]\mathrm{d}y + \int_{0}^{+\infty}\left[\int_{-\infty}^{z} yf(uy,y)\mathrm{d}u\right]\mathrm{d}y$$

$$= \int_{-\infty}^{z}\left[\int_{0}^{+\infty} yf(uy,y)\mathrm{d}y - \int_{-\infty}^{0} yf(uy,y)\mathrm{d}y\right]\mathrm{d}u.$$

于是

$$f_Z(z) = \int_{0}^{+\infty} yf(zy,y)\mathrm{d}y - \int_{-\infty}^{0} yf(zy,y)\mathrm{d}y = \int_{-\infty}^{+\infty} |y| f(zy,y)\mathrm{d}y.$$

图 2-15

习 题 2

1. 一袋中装有 5 只球,编号为 1,2,3,4,5. 在袋中同时取 3 只,以 X 表示取出 3 只球中最大的号码,写出随机变量 X 的分布律.

2. 设在 15 只同类型的零件中有 2 只是次品,在其中取 3 次,每次任取 1 只,做不放回抽样,以 X 表示取出次品的只数.(1)求 X 的分布律;(2)画出分布律的图形.

3. 进行重复独立试验,设每次试验成功的概率为 p,失败的概率为 $q=1-p$ $(0<p<1)$.

(1)将试验进行到出现一次成功为止,以 X 表示所需的试验次数,求 X 的分布律.(此时称 X 服从以 p 为参数的几何分布)

(2)将试验进行到出现 r 次成功为止,以 Y 表示所需的试验次数,求 Y 的分布律.(此时称 Y 服从以 r,p 为参数的巴斯卡分布)

(3)一篮球运动员的投篮命中率为 45%. 以 X 表示他首次投中时累计已投篮的次数,写出 X 的分布律,并计算 X 取偶数的概率.

4.一房间有 3 扇同样大小的窗子,其中只有一扇是打开的,有一只鸟自开着的窗子飞入了房间,它只能从开着的窗子飞出去,鸟在窗子里飞来飞去,试图飞出房间.假定鸟是没有记忆的,鸟飞向各扇窗子是随机的.

(1)以 X 表示鸟为了飞出房间试飞的次数,求 X 的分布律.

(2)户主声称,他养的一只鸟,是有记忆的,它飞向任意窗子的尝试不多于一次.以 Y 表示这只聪明的鸟为了飞出房间试飞的次数,如户主所说属实,试求 Y 的分布律.

(3)求试飞次数 X 小于 Y 的概率;求试飞次数 Y 小于 X 的概率.

5.设事件 A 在每一次试验中发生的概率为 0.3,当 A 发生不少于 3 次时,指示灯发出信号.(1)进行了 5 次重复独立试验,求指示灯发出信号的概率;(2)进行了 7 次重复独立试验,求指示灯发出信号的概率.

6.尽管在几何教科书中已经讲过仅用圆规和角尺三等分一个任意角是不可能的,但每年总有一些"发明者"撰写关于仅用圆规和角尺将角三等分的文章.设某地区每年撰写此类文章的篇数 X 服从参数为 6 的泊松分布.求明年没有此类文章的概率.

7.一电话总机每分钟收到呼唤的次数服从参数为 4 的泊松分布.求(1)某一分钟恰有 8 次呼唤的概率;(2)某一分钟的呼唤次数大于 3 的概率.

8.某一公安局在长度为 t 的时间间隔内收到的紧急呼救的次数 X 服从参数为 $\frac{1}{2}t$ 的泊松分布,而与时间间隔的起点无关(时间以小时计).

(1)求某一天中午 12 时至下午 3 时没有收到紧急呼救的概率;

(2)求某一天中午 12 时至下午 5 时至少收到 1 次紧急呼叫的概率.

9.设 X 服从 0-1 分布,其分布律为 $P\{X=k\}=p^k(1-p)^{1-k},k=0,1$,求 X 的分布函数,并作出图形;

10.在区间 $[0,a]$ 上任意投掷一个质点,以 X 表示这个质点的坐标.设这个质点落在 $[0,a]$ 中任意小区间内的概率与这个小区间的长度成正比.试求 X 的分布函数.

11.以 X 表示某商店从早晨开始营业起直到第一个顾客到达的等待时间(以分计),X 的分布函数是

$$f_X(x)=\begin{cases}1-e^{-0.4x} & \text{当 } x>0 \\ 0 & \text{当 } x\leqslant 0\end{cases}.$$

求下述概率:

(1)至多等待 3min;(2)等待至少 4min;(3)等待在 3min 至 4min 之间;

(4)等待至多 3min 或至少 4min;(5)恰好等待 2.5min.

12.设随机变量 X 的分布函数为

$$F_X(x)=\begin{cases}0 & \text{当 } x<1\\ \ln x & \text{当 } 1\leqslant x<e.\\ 1 & \text{当 } x\geqslant e\end{cases}$$

(1)求 $P\{X<2\},P\{0<X\leqslant 3\},P\{2<X<5/2\}$;

(2)求概率密度 $f_X(x)$.

13.设随机变量 X 的概率密度为

$$f(x)=\begin{cases}x & \text{当 } 0\leqslant x<1\\ 2-x & 1\leqslant x<2\\ 0 & \text{其他}.\end{cases}$$

求 X 的分布函数 $F(x)$,并画出 $f(x)$ 及 $F(x)$ 的图形.

14.某种型号的器件的寿命 X(以小时计)具有以下概率密度:

$$f(x)=\begin{cases}\dfrac{1000}{x^2} & \text{当 } x>1000\\ 0 & \text{其他}\end{cases}.$$

现有一大批此种器件(设各器件损坏与否相互独立),任取 5 只,问其中至少有 2 只寿命大于 1500 小时的概率是多少?

15.设顾客在某银行的窗口等待服务的时间 X(以分计)服从指数分布,其概率密度为

$$f_X(x)=\begin{cases}\dfrac{1}{5}e^{-x/5} & \text{当 } x>0\\ 0 & \text{其他}\end{cases}.$$

某顾客在窗口等待服务,若超过 10 分钟,他就离开.他一个月要到银行 5 次.以 Y 表示一个月内他从等到服务而离开窗口的次数.写出 Y 的分布律,并求 $P\{Y\geqslant 1\}$.

16.设 $X\sim N(3,2^2)$,(1)求 $P\{2<X\leqslant 5\},P\{-4<X\leqslant 10\},P\{|X|>2\},P\{X>3\}$;(2)确定 c 使得 $P\{X>c\}=P\{X\leqslant c\}$;(3)设 d 满足 $P\{X>d\}\geqslant 0.9$,问 d 至多为多少?

17.由某机器生产的螺栓长度(cm)服从参数 $v=10.05,\sigma=0.06$ 的正态分布.规定长度范围 10.05 ± 0.12 内为合格品.求一螺栓为不合格品的概率.

18.设 $X\sim N(0,1)$.(1)求 $Y=e^x$ 的概率密度;(2)求 $Y=2X^2+1$ 的概率密度;(3)求 $Y=|X|$ 的概率密度.

19.在一箱子中装有 12 只开关,其中 2 只是次品,在其中取两次,每次任取一只,考虑两种试验:(1)放回抽样;(2)不放回抽样,我们定义随机变量 X,Y 如下:若第一次取得

$$X=\begin{cases}0 & \text{若第一次取出的是正品}\\1 & \text{若第一次取出的是次品}\end{cases};$$

$$Y=\begin{cases}0 & \text{若第二次取出的是正品}\\1 & \text{若第二次取出的是次品}\end{cases}.$$

试分别就(1)、(2)两种情况,写出 X 和 Y 的联合分布律.

20.盒子里装有 3 只黑球、2 只红球、2 只白球,在其中任取 4 只球.以 X 表示取到黑球的只数,以 Y 表示取到红球的只数.求 X 和 Y 的联合分布律.

21.设随机变量 (X,Y) 的概率密度为

$$f(x,y)=\begin{cases}k(6-x-y) & \text{当 }0<x<2,2<y<4\\0 & \text{其他}\end{cases}.$$

(1)确定常数 k;

(2)求 $P\{X<1,Y<3\}$;

(3)求 $P\{X<1.5\}$;

(4)求 $P\{X+Y\leqslant4\}$.

22.将一枚硬币掷 3 次,以 X 表示前 2 次中出现 H(正面)的次数,以 Y 表示 3 次中出现 H 的次数,求 X,Y 的联合分布律以及 (X,Y) 的边缘分布律.

23.设二维随机变量 (X,Y) 的概率密度为

$$f(x,y)=\begin{cases}4.8y(2-x) & \text{当 }0\leqslant x\leqslant1,0\leqslant y\leqslant x\\0 & \text{其他}\end{cases}.$$

求边缘概率密度.

24.设二维随机变量 (X,Y) 的概率密度为

$$f(x,y)=\begin{cases}cx^2y & \text{当 }x^2<y<1\\0 & \text{其他}\end{cases}.$$

(1)试确定常数 c;

(2)求边缘概率密度.

25.将某一医院公司 9 月份和 8 月份收到的青霉素针剂的订货单数分别记为 X 和 Y,据以往积累的资料知 X 和 Y 的联合分布律为:

X＼Y	51	52	53	54	55
51	0.06	0.05	0.05	0.01	0.01
52	0.07	0.05	0.01	0.01	0.01
53	0.05	0.10	0.10	0.05	0.05
54	0.05	0.02	0.01	0.01	0.03
55	0.05	0.06	0.05	0.01	0.03

(1)求边缘分布律;

(2)求 8 月份的订单数为 51 时,9 月份订单数的条件分布律.

26.以 X 记某医院一天出生的婴儿的个数,Y 记其中男婴的个数,设 X 和 Y 的联合分布律为

$$P\{X=n,Y=m\}=\frac{e^{14}(7.14)^m(6.86)^{n-m}}{m!\ (n-m)!}.$$

$$m=0,1,2,\cdots n;n=0,1,2,\cdots.$$

(1)求边缘分布律;

(2)求条件分布律;

(3)特别的,写出当 $X=20$ 时,Y 的条件分布律.

27.设随机变量(X,Y)的概率密度为

$$f(x,y)=\begin{cases}1 & 当\ |y|<x,0<x<1 \\ 0 & 其他\end{cases},$$

求条件概率密度 $f_{y|x}(y|x)$,$f_{x|y}(x|y)$.

28.设 X 和 Y 是两个相互独立的随机变量,X 在$(0,1)$上均匀分布,Y 的概率密度为

$$f_Y(y)=\begin{cases}\dfrac{1}{2}e^{-y/2} & 当\ y>0 \\ 0 & 当\ y\leqslant 0\end{cases}.$$

(1)求 X 和 Y 的联合概率密度;

(2)设含有 a 的二次方程 $a^2+2Xa+Y=0$,试求 a 的实根概率.

29.进行打靶,设弹着点 $A(X,Y)$ 的坐标 X 和 Y 相互独立,且都服从 $N(0,1)$ 分布,规定点 A 落在区域 $D_1=\{(x,y)\,|\,x^2+y^2\leqslant 1\}$ 得 2 分;点 A 落在区域 $D_2=\{(x,y)\,|\,1\leqslant x^2+y^2\leqslant 4\}$ 得 1 分;点 A 落在区域 $D_3=\{(x,y)\,|\,x^2+y^2>4\}$ 得 0 分.以 Z 记打靶的得分.写出 X,Y 的联合概率密度,并求 Z 的分布律.

30.设 X 和 Y 是相互独立的随机变量,其概率密度分别为

$$f_X(x)=\begin{cases}1 & \text{当 } 0\leqslant x\leqslant 1 \\ 0 & \text{其他}\end{cases}, \qquad f_Y(y)=\begin{cases}e^{-y} & \text{当 } y>0 \\ 0 & \text{其他}\end{cases}.$$

求随机变量 $Z=X+Y$ 的概率密度.

31. 设某种型号的电子元件的寿命(以小时计)近似服从 $N(160,20^2)$. 随机地选取 4 只,求其中没有一只寿命小于 180 的概率.

32. 设 X,Y 是相互独立的随机变量,$X\sim\pi(\lambda_1)$,$Y\sim\pi(\lambda_2)$. 证明 $Z=X+Y\sim\pi(\lambda_1+\lambda_2)$

33. 设 X,Y 是相互独立的随机变量,$X\sim B(n_1,p)$,$Y\sim B(n_2,p)$. 证明 $Z=X+Y\sim B(n_1+n_2,p)$.

第3章

随机变量的数字特征

前面讨论了随机变量及其分布,它是对随机变量概率特性的一种完整的描述.但在许多实际问题中,有时很难得到随机变量的分布,而实际当中有时又并不需要去全面考察随机变量的分布情况,而只需知道它的某些数字特征即可.例如:在评价某地区粮食产量的水平时,通常只要知道该地区粮食的平均产量;在评价一批棉花的质量时,既要注意纤维的平均长度,又要注意纤维长度与平均长度之间的偏离程度,平均长度较大,偏离程度小,则质量就较好等.实际上,描述随机变量的平均值和偏离程度的某些数字特征在理论和实践上都具有重要的意义,它们能更直接、更简洁、更清晰和更实用地反映出随机变量的本质.本章将介绍随机变量的几个常用数字特征包括:数学期望、方差、相关系数和矩.

3.1 数学期望

3.1.1 随机变量的数学期望

引例 用尺子去测量一个物体的长度,共测量了 20 次,其中 98 mm 的是 5次,99 mm 的是 4 次,100 mm 的是 6 次,101 mm 的是 5 次,求该物体的平均长度.

解 平均长度

$$\bar{x} = \frac{98 \times 5 + 99 \times 4 + 100 \times 6 + 101 \times 5}{20}$$

$$= 98 \times \frac{5}{20} + 99 \times \frac{4}{20} + 100 \times \frac{6}{20} + 101 \times \frac{5}{20}$$

$$= 99.55 \text{ mm}$$

这里的平均长度并不是这 20 次测量中的 4 个值的简单平均,而是以取这些值的次数与测量总次数的比值为权重的加权平均,在某种程度上说,这个加权平均值就是这个物体的长度.

定义 3.1 设离散型随机变量 X 的分布律为 $P\{X = x_k\} = p_k, k = 1, 2, \cdots$,若级数 $\sum\limits_{k=1}^{\infty} x_k p_k$ 绝对收敛,则称 $\sum\limits_{k=1}^{\infty} x_k p_k$ 为随机变量 X 的**数学期望**或**平均值**(简称**期望**

或均值),记作 $E(X)$,即 $E(X) = \sum_{k=1}^{\infty} x_k p_k$.

当 $\sum_{k=1}^{\infty} |x_k p_k|$ 发散时,称随机变量 X 的**数学期望不存在**.

注意　数学期望实际上是对 $x_1, x_2, \cdots, x_n, \cdots$ 的加权平均,只有在 $\sum_{k=1}^{\infty} x_k p_k$ 绝对收敛时,$E(X)$ 才存在.

显然,当随机变量 X 只有有限个可能取值时,其数学期望总是存在的,此时 $E(X) = \sum_{k=1}^{n} x_k p_k$.

【例1】　已知离散型随机变量 X 的分布律为

X	-1	0	1
P	0.4	0.1	0.5

求 $E(X)$.

解　$E(X) = -1 \times 0.4 + 0 \times 0.1 + 1 \times 0.5 = 0.1$.

【例2】　某人有 n 把钥匙,其中只有一把能开门,他随意地试用这些钥匙来开门(打不开,则换另一把),试求其打开门时试用次数的数学期望.

解　设试开次数为 X,则 X 的可能取值为 $1, 2, \cdots, n$,且 $P\{X=k\} = \dfrac{1}{n}$,$k=1, 2, \cdots, n$. 故

$$E(X) = \sum_{k=1}^{n} k \cdot \frac{1}{n} = \frac{n(n+1)}{2} \times \frac{1}{n} = \frac{n+1}{2}.$$

【例3】　设随机变量 X 服从 0-1 分布,求 $E(X)$.

解　随机变量 X 的分布率为 $P\{X=k\} = p^k (1-p)^{1-k}$,$k=0, 1$

$$E(X) = 0 \cdot (1-p) + 1 \cdot p = p.$$

【例4】　设 $X \sim B(n, p)$,求 $E(X)$.

解　随机变量 X 的分布率为 $P\{X=k\} = C_n^k p^k (1-p)^{n-k}$,$k=0, 1, \cdots, n$

故
$$E(X) = \sum_{k=0}^{n} k \cdot C_n^k p^k (1-p)^{n-k}$$

$$= \sum_{k=1}^{n} np C_{n-1}^{k-1} p^{k-1} (1-p)^{(n-1)-(k-1)}$$

$$= np \sum_{k=1}^{n} C_{n-1}^{k-1} p^{k-1} (1-p)^{(n-1)-(k-1)}$$

$$= np [p + (1-p)]^{n-1} = np.$$

【例 5】 设 $X \sim P(\lambda)$,求 $E(X)$.

解 $P\{X=k\} = \dfrac{\lambda^k e^{-\lambda}}{k!}, \quad k=0,1,2,\cdots$

$$E(X) = \sum_{k=0}^{\infty} k \cdot \frac{\lambda^k e^{-\lambda}}{k!} = \sum_{k=1}^{\infty} \frac{\lambda^k e^{-\lambda}}{(k-1)!} = \lambda e^{-\lambda} \sum_{k=1}^{\infty} \frac{\lambda^{k-1}}{(k-1)!} = \lambda e^{-\lambda} \cdot e^{\lambda} = \lambda.$$

即泊松分布的数学期望恰为参数 λ.

【例 6】 设随机变量 X 的取值为 $x_k = \dfrac{2^k}{k}$,$k=1,2,\cdots$,其对应的概率为 $p_k = \dfrac{1}{2^k}$,证明:X 的数学期望不存在.

证明 由于级数 $\sum\limits_{k=1}^{\infty} \left| \dfrac{2^k}{k} \cdot \dfrac{1}{2^k} \right| = \sum\limits_{k=1}^{\infty} \dfrac{1}{k}$ 发散,故 $E(X)$ 不存在.

定义 3.2 设连续型随机变量 X 的概率密度为 $f(x)$,若 $\int_{-\infty}^{+\infty} xf(x)\mathrm{d}x$ 绝对收敛,则称 $\int_{-\infty}^{+\infty} xf(x)\mathrm{d}x$ 为 X 的**数学期望**.记作 $E(X)$,即 $E(X) = \int_{-\infty}^{+\infty} xf(x)\mathrm{d}x$.

当 $\int_{-\infty}^{+\infty} |x| f(x)\mathrm{d}x$ 发散时,随机变量 X 的数学期望不存在.

【例 7】 设 $X \sim U(a,b)$,求 $E(X)$.

解 X 的概率密度为 $f(x) = \begin{cases} \dfrac{1}{b-a} & \text{当 } a<x<b \\ 0 & \text{其他} \end{cases}$,

则 $$E(X) = \int_{-\infty}^{+\infty} xf(x)\mathrm{d}x = \int_{a}^{b} xf(x)\mathrm{d}x = \int_{a}^{b} \frac{x}{b-a}\mathrm{d}x = \frac{a+b}{2}.$$

即均匀分布的数学期望恰好是区间 (a,b) 的中点.

【例 8】 设 $X \sim \pi(\lambda)$,求 $E(X)$.

解 X 的概率密度为 $f(x) = \begin{cases} \lambda e^{-\lambda x} & x \geqslant 0 \\ 0 & x < 0 \end{cases}$,

则 $$E(X) = \int_{-\infty}^{+\infty} xf(x)\mathrm{d}x = \int_{0}^{+\infty} x \cdot \lambda e^{-\lambda x}\mathrm{d}x = -\int_{0}^{+\infty} x\mathrm{d}e^{-\lambda x}$$

$$= -\left(xe^{-\lambda x} \Big|_{0}^{+\infty} - \int_{0}^{+\infty} e^{-\lambda x}\mathrm{d}x \right) = \frac{1}{\lambda}.$$

【例 9】 设 $X \sim N(\mu, \sigma^2)$,求 $E(X)$.

解 $f(x) = \dfrac{1}{\sqrt{2\pi}\sigma} e^{-\frac{(x-\mu)^2}{2\sigma^2}}, x \in \mathbf{R}$

$$E(X) = \int_{-\infty}^{+\infty} xf(x)\mathrm{d}x = \int_{-\infty}^{+\infty} x \cdot \frac{1}{\sqrt{2\pi}\sigma} e^{-\frac{(x-\mu)^2}{2\sigma^2}}\mathrm{d}x$$

$$= \int_{-\infty}^{+\infty} (x - \mu + \mu) \frac{1}{\sqrt{2\pi}\sigma} \mathrm{e}^{-\frac{(x-\mu)^2}{2\sigma^2}} \mathrm{d}x$$

$$= \int_{-\infty}^{+\infty} (x - \mu) \frac{1}{\sqrt{2\pi}\sigma} \mathrm{e}^{-\frac{(x-\mu)^2}{2\sigma^2}} \mathrm{d}x + \mu \int_{-\infty}^{+\infty} \frac{1}{\sqrt{2\pi}\sigma} \mathrm{e}^{-\frac{(x-\mu)^2}{2\sigma^2}} \mathrm{d}x$$

$$= \mu.$$

由这个例子可以看出,正态分布的数学期望恰好是其位置参数 μ. 特别的,当随机变量 $X \sim N(0,1)$ 时,其 $E(X)=0$,即标准正态分布的数学期望为 0.

3.1.2 随机变量函数的数学期望

在许多实际问题中,我们经常会遇到需要求随机变量函数的数学期望. 这时假设已知随机变量 X 的分布律或者是概率密度,要求 $Y=g(X)$ 的数学期望,根据定义 1.1 和定义 1.2 需先算出随机变量 Y 的分布律或者是概率密度,这样计算比较麻烦,下面我们给出一种较为简便的计算随机变量函数的数学期望方法.

定理 3.1 设 X 是一个随机变量,$Y=g(X)$,且 $E(Y)$ 存在,则

(1)若 X 为离散型随机变量,其概率分布为

$$P\{X=x_i\}=p_i,(i=1,2,\cdots)$$

则 Y 的数学期望为

$$E(Y) = E[g(X)] = \sum_{i=1}^{\infty} g(x_i) p_i.$$

(2)若 X 为连续型随机变量,其概率密度为 $f(x)$,则 Y 的数学期望为

$$E(Y) = E[g(X)] = \int_{-\infty}^{+\infty} g(x) f(x) \mathrm{d}x.$$

注意 定理的重要性在于:求 $E[g(X)]$ 时,不必知道 $g(X)$ 的分布,只需知道 X 的分布即可. 这给求随机变量函数的数学期望带来很大方便.

上述定理可推广到二维及多维的情形,即有

定理 3.2 设 (X,Y) 是二维随机向量,$Z=g(X,Y)$,且 $E(Z)$ 存在,则

(1)若 (X,Y) 为离散型随机向量,其联合分布律为

$$P\{X=x_i,Y=y_j\}=p_{ij}, \quad (i,j=1,2,\cdots)$$

则 Z 的数学期望为

$$E(Z) = E[g(X,Y)] = \sum_{j=1}^{\infty} \sum_{i=1}^{\infty} g(x_i,y_j) p_{ij}.$$

(2)若 (X,Y) 为连续型随机向量,其联合概率密度为 $f(x,y)$,则 Z 的数学期望为

$$E(Z) = E[g(X,Y)] = \int_{-\infty}^{+\infty} \int_{-\infty}^{+\infty} g(x,y) f(x,y) \mathrm{d}x \mathrm{d}y.$$

【例 10】 设随机变量 X 的分布律为

X	-1	0	1	2
P	0.2	0.3	0.4	0.1

求 $E(-X)$ 及 $E(2X^2+3)$.

解　$E(-X)=1\times0.2+0\times0.3+(-1)\times0.4+(-2)\times0.1=-0.4$;

$E(2X^2+3)=[2\times(-1)^2+3]\times0.2+[2\times0^2+3]\times0.3$

$+[2\times1^2+3]\times0.4+[2\times2^2+3]\times0.1=5.$

【例 11】　设随机变量 X 的概率密度函数为 $f(x)=\begin{cases}\mathrm{e}^{-x} & x>0 \\ 0 & x\leqslant0\end{cases}$,

求:(1)$Y=2X$;(2)$Y=\mathrm{e}^{-2X}$ 的数学期望.

解　(1)$E(Y)=E(2X)=\int_{-\infty}^{+\infty}2xf(x)\mathrm{d}x=\int_0^{+\infty}2x\mathrm{e}^{-x}\mathrm{d}x=2$;

(2)$E(Y)=E(\mathrm{e}^{-2X})=\int_{-\infty}^{+\infty}\mathrm{e}^{-2x}f(x)\mathrm{d}x=\int_0^{+\infty}\mathrm{e}^{-2x}\mathrm{e}^{-x}\mathrm{d}x=\dfrac{1}{3}.$

【例 12】　已知二维离散型随机变量(X,Y)的联合分布律为

X \ Y	-1	1
-1	0.1	0.3
1	0.4	0.2

求:$E(XY)$.

解　$E(XY)=(-1)\times(-1)\times0.1+(-1)\times1\times0.3+1\times(-1)\times0.4+1\times1\times0.2=-0.4.$

【例 13】　设二维连续性随机变量(X,Y)的联合密度函数为

$$f(x,y)=\begin{cases}x+y & 当\ 0\leqslant x\leqslant1,0\leqslant y\leqslant1 \\ 0 & 其他\end{cases},$$

求 $E(X)$、$E(XY)$.

解　$E(X)=\int_{-\infty}^{+\infty}\int_{-\infty}^{+\infty}xf(x,y)\mathrm{d}x\mathrm{d}y=\int_0^1\int_0^1x(x+y)\mathrm{d}x\mathrm{d}y=\dfrac{7}{12}$;

$E(XY)=\int_{-\infty}^{+\infty}\int_{-\infty}^{+\infty}xyf(x,y)\mathrm{d}x\mathrm{d}y=\int_0^1\int_0^1xy(x+y)\mathrm{d}x\mathrm{d}y=\dfrac{1}{3}.$

3.1.3　数学期望的性质

性质 1　设 C 是常数,则 $E(C)=C$;$E(X+C)=E(X)+C$.

性质 2　若 k 是常数,则 $E(kX)=kE(X)$.

性质 3　$E(X+Y)=E(X)+E(Y)$.

证明　设(X,Y)为二维连续型随机变量,其联合概率密度函数为 $f(x,y)$,则

$$E(X+Y) = \int_{-\infty}^{+\infty} \int_{-\infty}^{+\infty} (x+y)f(x,y)\mathrm{d}x\mathrm{d}y$$

$$= \int_{-\infty}^{+\infty} \int_{-\infty}^{+\infty} xf(x,y)\mathrm{d}x\mathrm{d}y + \int_{-\infty}^{+\infty} \int_{-\infty}^{+\infty} yf(x,y)\mathrm{d}x\mathrm{d}y$$

$$= \int_{-\infty}^{+\infty} xf_X(x)\mathrm{d}x + \int_{-\infty}^{+\infty} yf_Y(y)\mathrm{d}y = E(X) + E(Y).$$

推论 1　$E(X_1 + X_2 + \cdots + X_n) = E(X_1) + E(X_2) + \cdots + E(X_n)$；

推论 2　$E(aX + bY) = aE(X) + bE(Y)$，其中 a,b 为常数.

性质 4　设 X,Y 独立，则 $E(XY) = E(X)E(Y)$.

证明　设 (X,Y) 为二维连续型随机变量，其联合概率密度函数为 $f(x,y)$，则由于 X 与 Y 相互独立，有 $f(x,y) = f_X(x)f_Y(y)$，于是

$$E(XY) = \int_{-\infty}^{+\infty} \int_{-\infty}^{+\infty} xyf(x,y)\mathrm{d}x\mathrm{d}y$$

$$= \int_{-\infty}^{+\infty} \int_{-\infty}^{+\infty} xyf_X(x)f_Y(y)\mathrm{d}x\mathrm{d}y$$

$$= \int_{-\infty}^{+\infty} xf_X(x)\mathrm{d}x \int_{-\infty}^{+\infty} yf_Y(y)\mathrm{d}y$$

$$= E(X)E(Y).$$

推论　若 $X_1,X_2,\cdots,X_n$ 相互独立，则 $E(X_1X_2\cdots X_n) = E(X_1)E(X_2)\cdots E(X_n)$

若利用数学期望的性质，将前面的例 4 中二项分布表示为 n 个相互独立的0-1分布的和，计算二项分布的数学期望要简单的多. 事实上，若设 X 表示在 n 次独立重复试验中事件 A 的次数，$X_i(i=1,2,\cdots,n)$ 表示在第 i 次试验中 A 出现的次数 $(x_i=k,k=0,1)$，有 $X = \sum\limits_{i=1}^{n} X_i$，显然 $X_i(i=1,2,\cdots,n)$ 服从 0-1 分布，其分布律 $P\{X=0\}=1-p, P\{X=1\}=p$，所以 $E(X_i)=p,(i=1,2,\cdots,n)$. 根据期望的性质有

$$E(X) = E\left(\sum_{i=1}^{n} X_i\right) = \sum_{i=1}^{n} E(X_i) = np.$$

3.2　方　　差

3.2.1　方差的定义

数学期望反映了随机变量的平均取值的大小，是随机变量的重要的数字特征，但在实际问题中，有时候还需要知道随机变量取值的分散程度，即与均值的偏离程度. 例如，已知甲、乙两射手射击命中的环数分别为随机变量 X 和 Y，且具有如下的分布律：

X	8	9	10
P	0.2	0.6	0.2

Y	8	9	10
P	0.1	0.8	0.1

则可知,甲、乙两位射手每次射击命中的平均环数为 $E(X)=E(Y)=9$. 可见,从数学期望的角度考虑他们俩的水平相当. 如何区别他们的水平的差异呢? 我们可以考虑谁的水平更稳定一些,即命中的环数与平均环数的偏离程度. 由此可见,研究随机变量与其平均值的偏离程度是非常必要的. 那么怎样去度量这个偏离程度呢? 容易看到,使用量 $E[|X-E(X)|]$ 或者 $E\{[X-E(X)]^2\}$ 都可以,但是前者有绝对值,计算上不方便,所以通常用 $E\{[X-E(X)]^2\}$ 来度量随机变量与其数学期望的偏离程度.

由上述分析,经计算得

$$E\{[X-E(X)]^2\}=(8-9)^2\times0.2+(9-9)^2\times0.6+(10-9)^2\times0.2=0.4;$$
$$E\{[Y-E(Y)]^2\}=(8-9)^2\times0.1+(9-9)^2\times0.8+(10-9)^2\times0.1=0.2.$$

由于 $E\{[X-E(X)]^2\}>E\{[Y-E(Y)]^2\}$,故乙的射击水平更稳定.

定义 3.3 设 X 是一个随机变量,若 $E\{[(X-E(X)]^2\}$ 存在,则称它为 X 的方差,记为 $D(X)$ 或 $\text{Var}(X)$,即 $D(X)=E\{[X-E(X)]^2\}$.

方差的算术平方根 $\sqrt{D(X)}$ 称为**标准差**或**均方差**,它与 X 具有相同的度量单位,在实际应用中经常使用.

由定义可知,若 X 是离散型随机变量,且其概率分布为

$$P\{X=x_i\}=p_i,\, i=1,2,\cdots$$

则

$$D(X)=\sum_{i=1}^{\infty}[x_i-E(X)]^2 p_i.$$

若 X 是连续型随机变量,且其概率密度为 $f(x)$,则

$$D(X)=\int_{-\infty}^{+\infty}[x-E(X)]^2 f(x)\mathrm{d}x.$$

方差 $D(X)$ 是一个非负数,这个常数的大小反映随机变量 X 取值的分散程度,方差越大,X 取值越分散;方差越小,X 取值越集中.

根据方差的定义和第 1 节数学期望的性质有

$$\begin{aligned}D(X)&=E\{[X-E(X)]^2\}\\&=E\{X^2-2XE(X)+[E(X)]^2\}\\&=E(X^2)-2E(X)E(X)+[E(X)]^2\\&=E(X^2)-E^2(X).\end{aligned}$$

【例1】 设随机变量 X 服从 0-1 分布,其分布率为

$$P\{X=i\}=p^i(1-p)^{1-i}\quad(i=0,1)$$

求 $D(X)$.

解　$E(X)=p,\quad E(X^2)=p;$

$$D(X)=E(X^2)-E^2(X)=p-p^2=p(1-p).$$

【例2】　设随机变量 $X \sim P(\lambda)$，求 $D(X)$.

解　$E(X)=\lambda;$

$$E(X^2)=\sum_{k=0}^{\infty}k^2\cdot\frac{e^{-\lambda}\lambda^k}{k!}=e^{-\lambda}\sum_{k=1}^{\infty}k\cdot\frac{\lambda^k}{(k-1)!}$$

$$=e^{-\lambda}\left[\sum_{k=1}^{\infty}(k-1)\cdot\frac{\lambda^k}{(k-1)!}+\sum_{k=1}^{\infty}\frac{\lambda^k}{(k-1)!}\right]$$

$$=e^{-\lambda}\left[\sum_{k=2}^{\infty}\frac{\lambda^k}{(k-2)!}+\lambda e^{\lambda}\right]=e^{-\lambda}[\lambda^2\cdot e^{\lambda}+\lambda e^{\lambda}]=\lambda^2+\lambda;$$

$$D(X)=E(X^2)-E^2(X)=\lambda^2+\lambda-\lambda^2=\lambda.$$

【例3】　设随机变量 $X \sim U(a,b)$，求 $D(X)$.

解　$f(x)=\begin{cases}\dfrac{1}{b-a}&当 a<x<b\\0&其他\end{cases}, E(X)=\dfrac{a+b}{2};$

$$E(X^2)=\int_{-\infty}^{+\infty}x^2f(x)\mathrm{d}x=\int_{a}^{b}x^2\cdot\frac{1}{b-a}\mathrm{d}x=\frac{b^2+ab+a^2}{3};$$

$$D(X)=E(X^2)-E^2(X)=\frac{b^2+ab+a^2}{3}-\left(\frac{a+b}{2}\right)^2=\frac{(b-a)^2}{12}.$$

【例4】　设随机变量 $X \sim \pi(\lambda)$，求 $D(X)$.

解　$f(x)=\begin{cases}\lambda e^{-\lambda x}&当 x\geqslant 0\\0&当 x<0\end{cases}, E(X)=\dfrac{1}{\lambda};$

$$E(X^2)=\int_{-\infty}^{+\infty}x^2f(x)\mathrm{d}x=\int_{0}^{+\infty}x^2\cdot\lambda e^{-\lambda x}\mathrm{d}x=\frac{1}{\lambda^2}\int_{0}^{+\infty}t^2e^{-t}\mathrm{d}t=\frac{2}{\lambda^2};$$

$$D(X)=E(X^2)-E^2(X)=\frac{2}{\lambda^2}-\left(\frac{1}{\lambda}\right)^2=\frac{1}{\lambda^2}.$$

【例5】　设随机变量 $X \sim N(\mu,\sigma^2)$，求 $D(X)$.

解　$f(x)=\dfrac{1}{\sqrt{2\pi}\sigma}e^{-\frac{(x-\mu)^2}{2\sigma^2}}, x\in\mathbf{R}, E(X)=\mu;$

$$D(X)=E[X-E(X)]^2=E(x-\mu)^2=\int_{-\infty}^{+\infty}(x-\mu)^2\cdot\frac{1}{\sqrt{2\pi}\sigma}e^{-\frac{(x-\mu)^2}{2\sigma^2}}\mathrm{d}x$$

$$=\sigma^2\int_{-\infty}^{+\infty}t^2\frac{1}{\sqrt{2\pi}}e^{-\frac{t^2}{2}}\mathrm{d}t=\frac{\sigma^2}{\sqrt{2\pi}}\left\{-te^{-\frac{t^2}{2}}\Big|_{-\infty}^{+\infty}+\int_{-\infty}^{+\infty}e^{-\frac{t^2}{2}}\mathrm{d}t\right\}$$

$$=\frac{\sigma^2}{\sqrt{2\pi}}(0+\sqrt{2\pi})=\sigma^2.$$

特别地，若随机变量 $X \sim N(0,1)$，则 $D(X)=1$. 由例题可见，正态分布中参数

μ 和 σ^2 依次是相应随机变量的数学期望和方差,因此对于正态分布,只要知道其数学期望和方差就可以完全确定出这一分布.

3.2.2　方差的性质

方差具有下列性质:

(1)设 C 常数,则 $D(C)=0$;

(2)若 X 是随机变量,C 是常数,则 $D(CX)=C^2D(X)$;

(3)若 X 是随机变量,C 是常数,则 $D(X+C)=D(X)$;

(4)设 X,Y 是两个随机向量,若 X,Y 相互独立,则

$$D(X \pm Y)=D(X)+D(Y).$$

注意　对 n 维情形,若 $X_1,X_2,\cdots,X_n$ 相互独立,则

$$D\left[\sum_{i=1}^{n}X_i\right]=\sum_{i=1}^{n}D(X_i)$$

$$D\left[\sum_{i=1}^{n}C_iX_i\right]=\sum_{i=1}^{n}D(C_iX_i)=\sum_{i=1}^{n}C_i^2D(X_i).$$

【例6】　设随机变量 $X \sim B(n,p)$,求 $D(X)$.

解　若设 X 表示在 n 次独立重复试验中事件 A 的次数,在一次试验中事件 A 的概率 $P(A)=p$,则 $X \sim B(n,p)$. 若 $X_i(i=1,2,\cdots,n)$ 表示在第 i 次试验中出现的次数,有 $X=\sum_{i=1}^{n}X_i$,显然 $X_i(i=1,2,\cdots,n)$ 服从 0-1 分布,其分布律 $P\{X=0\}=1-p$,$P\{X=1\}=p$,且 $X_i(i=1,2,\cdots,n)$ 相互独立,所以 $D(X_i)=p(1-p),(i=1,2,\cdots,n)$.

根据方差的性质有 $D(X)=D(\sum_{i=1}^{n}X_i)=\sum_{i=1}^{n}D(X_i)=np(1-p)$.

一些常见分布的期望和方差如表 3-1 所示。

表 3-1　常见分布的期望和方差

分布名称	分布律或概率密度	期　望	方　差	参数要求
0-1 分布	$P\{X=0\}=1-p,P\{X=1\}=p$	p	$p(1-p)$	$0<p<1$
二项分布 $X \sim B(n,p)$	$P\{X=k\}=C_n^k p^k(1-p)^{n-k}$, $k=0,1,\cdots,n$	np	$np(1-p)$	$0<p<1$ n 为自然数
泊松分布 $X \sim P(\lambda)$	$P\{X=k\}=\dfrac{\lambda^k e^{-\lambda}}{k!}$,$k=0,1,\cdots$	λ	λ	$\lambda>0$
均匀分布 $X \sim U(a,b)$	$f(x)=\begin{cases}\dfrac{1}{b-a} & 当 a<x<b \\ 0 & 其他\end{cases}$	$\dfrac{a+b}{2}$	$\dfrac{(b-a)^2}{12}$	$b>a$

续表

分布名称	分布律或概率密度	期望	方差	参数要求
指数分布 $X \sim \pi(\lambda)$	$f(x) = \begin{cases} \lambda e^{-\lambda x} & \text{当 } x \geqslant 0 \\ 0 & \text{当 } x < 0 \end{cases}$	$\dfrac{1}{\lambda}$	$\dfrac{1}{\lambda^2}$	$\lambda > 0$
正态分布 $X \sim N(\mu, \sigma^2)$	$f(x) = \dfrac{1}{\sqrt{2\pi}\sigma} e^{-\frac{(x-\mu)^2}{2\sigma^2}}$	μ	σ^2	μ 任意,$\sigma > 0$

3.3 协方差与相关系数

对多维随机变量,随机变量的数学期望和方差只反映其各自的平均值与偏离程度,并没能反映随机变量之间的关系.本节将要讨论的协方差是反映随机变量之间依赖关系的一个数字特征.

3.3.1 协方差

定义 3.4 设 (X,Y) 为二维随机向量,若

$$E\{[X-E(X)][Y-E(Y)]\}$$

存在,则称其为随机变量 X 和 Y 的**协方差**,记为 $\text{cov}(X,Y)$,即

$$\text{cov}(X,Y) = E\{[X-E(X)][Y-E(Y)]\}.$$

按定义,若 (X,Y) 为离散型随机向量,其概率分布为

$$P\{X=x_i, Y=y_j\} = p_{ij} \quad (i,j=1,2,\cdots)$$

则

$$\text{cov}(X,Y) = \sum_{i,j} \{[x_i - E(X)][y_j - E(Y)]p_{ij}\}.$$

若 (X,Y) 为连续型随机向量,其概率分布为 $f(x,y)$,则

$$\text{cov}(X,Y) = \int_{-\infty}^{+\infty} \int_{-\infty}^{+\infty} [x - E(X)][y - E(Y)]f(x,y)\mathrm{d}x\mathrm{d}y.$$

此外,利用数学期望的性质,易将协方差的计算化简.

$$\begin{aligned}
\text{cov}(X,Y) &= E\{[X-E(X)][Y-E(Y)]\} \\
&= E(XY) - E(X)E(Y) - E(Y)E(X) + E(X)E(Y) \\
&= E(XY) - E(X)E(Y).
\end{aligned}$$

特别地,当 X 与 Y 独立时,有 $\text{cov}(X,Y) = 0$.

1. 协方差的基本性质

(1) $\text{cov}(X,X) = D(X)$;

(2) $\text{cov}(X,Y) = \text{cov}(Y,X)$;

(3) $\text{cov}(aX, bY) = ab\text{cov}(X,Y)$,其中 a,b 是常数;

(4) $\mathrm{cov}(X_1+X_2,Y)=\mathrm{cov}(X_1,Y)+\mathrm{cov}(X_2,Y)$;

(5) 若 X 与 Y 相互独立时,则 $\mathrm{cov}(X,Y)=0$.

2. 随机变量和的方差与协方差的关系

$$D(X\pm Y)=D(X)+D(Y)\pm 2\mathrm{cov}(X,Y).$$

特别的,若 X 与 Y 相互独立时,则 $D(X+Y)=D(X)+D(Y)$.

3.3.2 相关系数

定义 3.5 设 (X,Y) 为二维随机变量, $D(X)>0,D(Y)>0$,称

$$\rho_{XY}=\frac{\mathrm{cov}(X,Y)}{\sqrt{D(X)\cdot D(Y)}}$$

为随机变量 X 和 Y 的相关系数.特别地,当 $\rho_{XY}=0$ 时,称 X 与 Y **不相关**.

相关系数的性质:

(1) $|\rho_{XY}|\leqslant 1$.

(2) 若 X 和 Y 相互独立,则 $\rho_{XY}=0$;反之,则不成立.

(3) 若 $D(X)>0,D(Y)>0$,则 $|\rho_{XY}|=1$ 当且仅当存在常数 $a,b(a\neq 0)$,使 $P\{Y=aX+b\}=1$,而且当 $a>0$ 时,$\rho_{XY}=1$;当 $a<0$ 时,$\rho_{XY}=-1$.

证明 略.

【例 1】 设随机变量 $X\sim U(0,2\pi)$,$Y=\cos X$,$Z=\cos(X+\alpha)$,这里 α 是常数,试计算 $\mathrm{cov}(Y,Z)$ 及 ρ_{YZ}.

解 $f(x)=\begin{cases}\dfrac{1}{2\pi} & \text{当 } 0<x<2\pi,\\[2mm] 0 & \text{其他}\end{cases}$

$$E(Y)=\int_0^{2\pi}\cos x\cdot\frac{1}{2\pi}\mathrm{d}x=\frac{1}{2\pi}\int_0^{2\pi}\cos x\mathrm{d}x=0;$$

$$E(Z)=\frac{1}{2\pi}\int_0^{2\pi}\cos(x+\alpha)\mathrm{d}x=0;$$

$$D(Y)=E(Y^2)-[E(Y)]^2=\frac{1}{2\pi}\int_0^{2\pi}\cos^2 x\mathrm{d}x=\frac{1}{2};$$

$$D(Z)=E(Z^2)-[E(Z)]^2=\frac{1}{2\pi}\int_0^{2\pi}\cos^2(x+\alpha)\mathrm{d}x=\frac{1}{2};$$

$$\mathrm{cov}(Y,Z)=E(YZ)-E(Y)E(Z)=\frac{1}{2\pi}\int_0^{2\pi}\cos x\cdot\cos(x+\alpha)\mathrm{d}x=\frac{1}{2}\cos\alpha,$$

$$\rho_{YZ}=\frac{\mathrm{cov}(Y,Z)}{\sqrt{D(Y)}\cdot\sqrt{D(Z)}}=\frac{\dfrac{1}{2}\cos\alpha}{\sqrt{\dfrac{1}{2}}\cdot\sqrt{\dfrac{1}{2}}}=\cos\alpha.$$

所以,当 $\alpha=0$ 时,$\rho_{YZ}=1$,$Y=Z$,Y 与 Z 之间存在线性关系;当 $\alpha=\pi$ 时,$\rho_{YZ}=-1$,$Y=-Z$,Y 与 Z 之间存在线性关系;但是当 $\alpha=\dfrac{\pi}{2}$ 或 $\dfrac{3\pi}{2}$ 时,$\rho_{YZ}=0$,这时 Y 与 Z 不相关,但是这时有 $Y^2+Z^2=1$,因此 Y 与 Z 不独立.

【例 2】 设 $(X,Y)\sim N(\mu_1,\mu_2;\sigma_1^2,\sigma_2^2;\rho)$,求 ρ_{XY}.

解 $f(x,y)=\dfrac{1}{2\pi\sigma_1\sigma_2\sqrt{1-\rho^2}}\mathrm{e}^{-\frac{1}{2(1-\rho^2)}\left[\frac{(x-\mu_1)^2}{\sigma_1^2}-2\rho\frac{(x-\mu_1)(y-\mu_2)}{\sigma_1\sigma_2}+\frac{(y-\mu_2)^2}{\sigma_2^2}\right]}$;

$$\mathrm{cov}(X,Y)=\int_{-\infty}^{+\infty}\int_{-\infty}^{+\infty}(x-\mu_1)(y-\mu_2)\frac{1}{2\pi\sigma_1\sigma_2\sqrt{1-\rho^2}}$$

$$\cdot\,\mathrm{e}^{-\frac{1}{2(1-\rho^2)}\left[\frac{(x-\mu_1)^2}{\sigma_1^2}-2\rho\frac{(x-\mu_1)(y-\mu_2)}{\sigma_1\sigma_2}+\frac{(y-\mu_2)^2}{\sigma_2^2}\right]}\mathrm{d}x\mathrm{d}y$$

$$=\frac{1}{2\pi\sigma_1\sigma_2\sqrt{1-\rho^2}}\int_{-\infty}^{+\infty}\int_{-\infty}^{+\infty}(x-\mu_1)(y-\mu_2)$$

$$\cdot\,\mathrm{e}^{\frac{(x-\mu_1)^2}{2\sigma_1^2}}\cdot\mathrm{e}^{-\frac{1}{2(1-\rho^2)}\left[\frac{(y-\mu_2)}{\sigma_2}-\rho\frac{(x-\mu_1)}{\sigma_1}\right]^2}\mathrm{d}x\mathrm{d}y.$$

令 $$t=\frac{1}{\sqrt{1-\rho^2}}\left(\frac{y-\mu_2}{\sigma_2}-\rho\frac{x-\mu_1}{\sigma_1}\right),\quad u=\frac{x-\mu_1}{\sigma_1},$$

则有

$$\mathrm{cov}(X,Y)=\frac{1}{2\pi}\int_{-\infty}^{+\infty}\int_{-\infty}^{+\infty}(\sigma_1\sigma_2\sqrt{1-\rho^2}\,tu+\rho\sigma_1\sigma_2u^2)\mathrm{e}^{-\frac{u^2}{2}-\frac{t^2}{2}}\mathrm{d}t\mathrm{d}u$$

$$=\frac{\sigma_1\sigma_2\sqrt{1-\rho^2}}{2\pi}\int_{-\infty}^{+\infty}u\mathrm{e}^{-\frac{u^2}{2}}\mathrm{d}u\int_{-\infty}^{+\infty}t\mathrm{e}^{-\frac{t^2}{2}}\mathrm{d}t+\frac{\rho\sigma_1\sigma_2}{2\pi}\int_{-\infty}^{+\infty}u^2\mathrm{e}^{-\frac{u^2}{2}}\mathrm{d}u\int_{-\infty}^{+\infty}\mathrm{e}^{-\frac{t^2}{2}}\mathrm{d}t$$

$$=0+\frac{\rho\sigma_1\sigma_2}{2\pi}\sqrt{2\pi}\sqrt{2\pi}=\rho\sigma_1\sigma_2,$$

所以有

$$\rho_{XY}=\frac{\mathrm{cov}(X,Y)}{\sqrt{D(X)}\sqrt{D(Y)}}=\rho.$$

即二维正态分布中的参数 ρ 正好是 X 与 Y 的相关系数,因而二维正态分布函数完全可以由 X 与 Y 的数学期望、方差以及它们的相关系数确定. 由于二维正态分布的两个分量 X 与 Y 相互独立的充要条件是 $\rho=0$,这说明对于二维正态分布 X 与 Y 相互独立与不相关是等价的. 这是二维正态随机变量区别于其他随机变量的一个重要的特征.

3.3.3 矩和协方差矩阵

定义 3.6 设 X 与 Y 是随机变量,

(1)若 $E(X^k)$,$k=1,2,\cdots$ 存在,则称之为 X 的 k 阶原点矩;

(2)若 $E[(X-E(X)]^k$, $k=1,2,\cdots$ 存在,则称之为 X 的 k 阶中心矩;

(3)若 $E(X^kY^l)$, $k,l=1,2,\cdots$ 存在,则称之为 X 和 Y 的 $k+l$ 阶 1;

(4)若 $E\{[X-E(X)]^k[Y-E(Y)]^l\}$, $k,l=1,2,\cdots$ 存在,则称之为 X 与 Y 的 $k+l$ 阶混合中心矩.

定义 3.7 设 n 维随机变量 $(X_1,X_2,\cdots,X_n)$ 的二阶混合中心 $\sigma_{ij}=\text{cov}(X_i,X_j)$, $i,j=1,2,\cdots,n$ 都存在,则称矩阵

$$\sum = \begin{pmatrix} \sigma_{11} & \sigma_{12} & \cdots & \sigma_{1n} \\ \sigma_{21} & \sigma_{22} & \cdots & \sigma_{2n} \\ \vdots & \vdots & & \vdots \\ \sigma_{n1} & \sigma_{n2} & \cdots & \sigma_{nn} \end{pmatrix}$$

为 n 维随机变量 $(X_1,X_2,\cdots,X_n)$ 的**协方差矩阵**.

习 题 3

1. 设随机变量 X 的分布律为

X	-1	0	1	2
P	0.2	0.3	0.4	0.1

求 $E(X)$, $E(2X^2+3)$ 及 $D(X)$.

2. 设随机变量 X 的分布律为 $P\{X=k\}=\dfrac{1}{5}$, $k=1,2,3,4,5$, 求 $E(X)$, $E(X^2)$ 及 $E((X+2)^2)$.

3. 设随机变量 X 的概率密度函数为 $f(x)=\begin{cases} x & \text{当 } 0<x\leqslant 1 \\ 2-x & \text{当 } 1<x<2 \\ 0 & \text{其他} \end{cases}$, 求 $E(X)$.

4. 设在时间 $(0,t)$ 内经搜索发现沉船的概率为 $P(t)=1-e^{-vt}$, $v>0$, 求发现沉船所需的平均搜索时间.

5. 一口袋中有 $i(i=1,2,\cdots,n)$ 号球 i 只,从中任意摸出一只球,求所得号码的数学期望.

6. 设 X 服从参数为 1 的指数分布,且 $Y=X+e^{-2X}$, 求 $E(Y)$, $D(Y)$.

7. 设 X 表示 10 次独立重复射击命中目标的次数,每次射击命中目标的概率为 0.4, 求 $E(X^2)$.

8. 设随机变量 X 取非负整数值 $n\geqslant 0$ 的概率为 $p_n=\dfrac{AB^n}{n!}$, 已知 $E(X)=a$, 试决定 A 与 B 的值.

9.设随机变量 X 在 $\left[-\dfrac{1}{2},\dfrac{1}{2}\right]$ 上服从均匀分布,$y=g(x)=\begin{cases}\ln x & \text{当 }x>0\\ 0 & \text{当 }x\leqslant 0\end{cases}$,

求随机变量 $Y=g(X)$ 的数学期望和方差.

10.设二维随机变量 (X,Y) 的分布密度为

$$f(x,y)=\begin{cases}A\sin(x+y) & \text{当 }0\leqslant x\leqslant\dfrac{\pi}{2},0\leqslant y\leqslant\dfrac{\pi}{2}\\ 0 & \text{其他}\end{cases},$$

求:(1)系数 A;

(2)数学期望 $E(X),E(Y)$,方差 $D(X),D(Y)$.

11.设 X 在 $(-\pi,\pi)$ 上服从均匀分布,$Y=\sin X,Z=\cos X$,求 Y 与 Z 的相关系数 ρ.

12.设随机变量 (X,Y) 服从二维正态分布,其概率密度函数为

$$\varphi(x,y)=\frac{1}{2\pi}e^{-\frac{1}{2}(x^2+y^2)}$$

求随机变量 $Z=\sqrt{X^2+Y^2}$ 的数学期望和方差.

13.设 (X,Y) 的联合概率密度函数为 $f(x,y)=\begin{cases}2-x-y & \text{当 }0\leqslant x\leqslant1,0\leqslant y\leqslant1\\ 0 & \text{其他}\end{cases}$

(1)判别 X 与 Y 是否相互独立,是否相关;

(2)求 $E(X),E(Y),D(X+Y)$.

14.已知 $X\sim N(1,3^2),Y\sim N(0,4^2)$,且 $\rho_{XY}=-\dfrac{1}{2}$,设 $Z=\dfrac{X}{3}+\dfrac{Y}{2}$,

(1)求 Z 的数学期望和方差;

(2)求 X 与 Z 的相关系数 ρ_{xz};

(3)X 与 Z 是否相互独立? 为什么?

第4章

大数定律和中心极限定理

4.1 大数定律

前面我们知道:人们在长期的实践中发现,虽然某个随机事件在某次实验中可能出现也可能不出现,但是在大量重复实验中却呈现出明显的规律性,即一个随机事件出现的频率在某个固定的数附近摆动,这就是所谓的"频率稳定性".

在大量的随机现象中,我们不仅发现随机事件的频率具有稳定性,而且还发现大量随机现象的平均结果也具有稳定性,并以此作为物体的真实值.概率论中用来阐明这种大量随机现象具有稳定性的定理,称为**大数定律**(law of large number).在研究大数定律之前我们先介绍几个重要的概念.

定义 设 $X_1, X_2, \cdots, X_n, \cdots$ 是一个随机变量序列,X 为一个随机变量,若对于 $\forall \varepsilon > 0$,有

$$\lim_{n \to \infty} P\{|X_n - X| < \varepsilon\} = 1 \ \text{或} \ \lim_{n \to \infty} P\{|X_n - X| \geqslant \varepsilon\} = 0,$$

则称随机变量序列 $X_1, X_2, \cdots, X_n, \cdots$ **依概率收敛**于 X,记为 $X_n \xrightarrow{P} X (n \to \infty)$.

定理 4.1(切比雪夫不等式) 设随机变量 X 设随机变量 X 有期望 $E(X)$ 和方差 $D(X)$,则对于任给 $\varepsilon > 0$,有

$$P\{|X - E(X)| \geqslant \varepsilon\} \leqslant \frac{D(X)}{\varepsilon^2} \ \text{或} \ P\{|X - E(X)| < \varepsilon\} > 1 - \frac{D(X)}{\varepsilon^2},$$

上述不等式称切比雪夫不等式.

证明 仅就随机变量 X 是连续性的情形证明.

设随机变量 X 的概率密度函数为 $f(x)$,则显然有

$$
\begin{aligned}
P\{|X - E(X)| \geqslant \varepsilon\} &= \int_{|x - E(X)| \geqslant \varepsilon} f(x)\mathrm{d}x \\
&\leqslant \int_{|x - E(X)| \geqslant \varepsilon} \frac{[x - E(X)]^2}{\varepsilon^2} f(x)\mathrm{d}x \\
&\leqslant \frac{1}{\varepsilon^2} \int_{-\infty}^{+\infty} [x - E(X)]^2 f(x)\mathrm{d}x
\end{aligned}
$$

$$= \frac{D(X)}{\varepsilon^2}.$$

由于切比雪夫不等式只利用随机变量的数学期望 $E(X)$ 及方差 $D(X)$ 就可对随机变量 X 的概率分布进行估计，因此它在理论研究及实际应用中很有价值。从切比雪夫不等式还可以看出，当方差越小时，事件 $\{|X-E(X)|\geqslant\varepsilon\}$ 发生的概率也越小，从而可知，方差确实是一个描述随机变量与其中心 $E(X)$ 离散程度的量。

定理 4.2（切比雪夫大数定律）　设 $X_1, X_2, \cdots, X_n, \cdots$ 是相互独立的随机变量序列，它们数学期望 $E(X_i)$ 和方差 $D(X_i)$ 均存在，且方差一致有界，即 $D(X_i) \leqslant K$，$i=1,2,\cdots$。则对任意 $\varepsilon > 0$，有

$$\lim_{n\to\infty} P\left\{\left|\frac{1}{n}\sum_{i=1}^{n} X_i - \frac{1}{n}\sum_{i=1}^{n} E(X_i)\right| < \varepsilon\right\} = 1.$$

注意　定理表明：当 n 很大时，随机变量序列 $\{X_n\}$ 的算术平均值 $\frac{1}{n}\sum_{i=1}^{n} X_i$ 依概率收敛于其数学期望的平均值 $\frac{1}{n}\sum_{i=1}^{n} E(X_i)$。

证明　由于 $X_1, X_2, \cdots, X_n, \cdots$ 相互独立，所以

$$D\left(\frac{1}{n}\sum_{i=1}^{n} X_i\right) = \frac{1}{n^2}\sum_{i=1}^{n} D(X_i) < \frac{1}{n^2}nc = \frac{c}{n}, E\left(\frac{1}{n}\sum_{i=1}^{n} X_i\right) = \frac{1}{n}\sum_{i=1}^{n} E(X_i).$$

由切比雪夫不等式可得

$$P\left\{\left|\frac{1}{n}\sum_{i=1}^{n} X_i - \frac{1}{n}\sum_{i=1}^{n} E(X_i)\right| < \varepsilon\right\} \geqslant 1 - \frac{D\left(\frac{1}{n}\sum_{i=1}^{n} X_i\right)}{\varepsilon^2} \geqslant 1 - \frac{c}{n\varepsilon^2},$$

所以

$$1 \geqslant P\left\{\left|\frac{1}{n}\sum_{k=1}^{n} X_k - \frac{1}{n}\sum_{k=1}^{n} E(X_k)\right| < \varepsilon\right\} \geqslant 1 - \frac{c}{n\varepsilon^2},$$

于是

$$\lim_{n\to\infty} P\left\{\left|\frac{1}{n}\sum_{k=1}^{n} X_k - \frac{1}{n}\sum_{k=1}^{n} E(X_k)\right| < \varepsilon\right\} = 1.$$

定理 4.3（独立同分布大数定律）　设随机变量 $X_1, X_2, \cdots, X_n, \cdots$ 独立且服从同一分布，且数学期望 $E(X_i) = \mu$，方差 $D(X_i) = \sigma^2$，$i = 1, 2, \cdots$，则 $\overline{X} = \frac{1}{n}\sum_{i=1}^{n} X_i$ 在 $n \to \infty$ 时，依概率收敛于 μ，即对任意 $\varepsilon > 0$，有 $\lim_{n\to\infty} P\{|\overline{X} - \mu| < \varepsilon\} = 1$。

上述结论，使我们关于算术平均值的法则有了理论上的依据。例如，我们要测量某一物体的长度 x，在相同条件下重复测量 n 次，得 n 个测量值 $x_1, x_2, \cdots, x_n$ 显然它们可以看成是 n 个相互独立且具有相同的分布的随机变量 $X_1, X_2, \cdots, X_n$。由

大数定理可知,当 n 充分大时,n 次测量值得平均值可作为物体长度的近似值 $x\approx$ $\dfrac{x_1+x_2+\cdots+x_n}{n}$,则由此所因发的误差是很小的.

定理 4.4(伯努利大数定律) 设 n_A 是 n 重伯努利试验中事件 A 发生的次数,p 是事件 A 在每次试验中发生的概率,则对任意的 $\varepsilon>0$,有

$$\lim_{n\to\infty}P\left\{\left|\frac{n_A}{n}-p\right|<\varepsilon\right\}=1 \quad 或 \quad \lim_{n\to\infty}P\left\{\left|\frac{n_A}{n}-p\right|\geqslant\varepsilon\right\}=0.$$

证明 引入随机变量 $X_i=\begin{cases}1 & 第次 i 试验中事件 A 发生\\ 0 & 第次 i 试验中事件 A 不发生\end{cases}$,$i=1,2,\cdots,n.$

显然有 $n_A=X_1+X_2+\cdots+X_n$,由于试验是独立进行的,所以 $X_1,X_2,\cdots,X_n$ 是相互独立的,X_i 服从 0-1 分布,故有 $E(X_i)=p,D(X_i)=p(1-p),i=1,2,\cdots,n.$ 由定理 1.3 得

$$\frac{n_A}{n}=\frac{1}{n}\sum_{i=1}^{n}X_i\xrightarrow{P}p.$$

伯努利大数定律是独立同分布大数定律的一种特例,它表明:当重复试验次数 n 充分大时,事件 A 发生的频率 $\dfrac{n_A}{n}$ 依概率收敛于事件 A 发生的概率 p. 定理以严格的数学形式表达了频率的稳定性. 在实际应用中,当试验次数很大时,便可以用事件发生的频率来近似代替事件的概率.

4.2 中心极限定理

自从高斯(Gauss)指出测量误差服从正态分布后,人们发现在现实生活中如:人的身高、体重,学生考试的成绩,炮弹的着弹点等都服从正态分布. 在实际问题中,许多随机变量可表示成相互独立的随机因素综合影响造成的,而其中的每个因素在总的影响中所起的作用是比较小的,这种随机变量往往近似的服从正态分布,这就是中心极限定理的客观背景.

设 n 个相互独立的随机变量 $X_1,X_2,\cdots,X_n$ 都服从正态分布 $N(\mu,\sigma^2)$,则平均值 $\overline{X}=\dfrac{1}{n}\sum_{i=1}^{n}X_i$ 的数学期望为 μ,方差为 $\dfrac{\sigma^2}{n}$,有 $\overline{X}\sim N\left(\mu,\dfrac{\sigma^2}{n}\right)$,于是有

$$\frac{n\overline{X}-n\mu}{\sqrt{n}\sigma}=\frac{\overline{X}-\mu}{\dfrac{\sigma}{\sqrt{n}}}\sim N(0,1).$$

将这一结果推广到其他类型的随机变量序列,这就是**中心极限定理**.

定理 4.5(独立同分布中心极限定理) 设随机变量 $X_1,X_2,\cdots,X_n,\cdots$ 相互独立且服从同一分布,且具有有限的数学期望和方差:$E(X_i)=\mu,D(X_i)=\sigma^2\neq 0$,

$(i=1,2,\cdots)$，则随机变量

$$Y_n = \frac{\sum\limits_{i=1}^{n} X_i - n\mu}{\sqrt{n}\sigma}$$

的分布函数 $F_n(x)$ 满足对任意的 $x \in (-\infty, +\infty)$，都有

$$\lim_{n\to\infty} F_n(x) = \lim_{n\to\infty} P\left\{ \frac{\sum\limits_{i=1}^{n} X_i - n\mu}{\sqrt{n}\sigma} \leqslant x \right\} = \frac{1}{\sqrt{2\pi}} \int_{-\infty}^{x} e^{\frac{-t^2}{2}} dt.$$

证明　略.

这个定理告诉我们，当 n 非常大时，Y_n 近似地服从标准正态分布 $N(0,1)$，随机变量 $\sum\limits_{i=1}^{n} X_i$ 近似地服从正态分布 $N(n\mu, n\sigma^2)$. 由于期望 $E(\sum\limits_{i=1}^{n} X_i) = n\mu$，方差 $D(\sum\limits_{i=1}^{n} X_i) = (\sqrt{n}\sigma)^2$，故 Y_n 实际上就是 $\sum\limits_{i=1}^{n} X_i$ 的标准化的随机变量. 这一定理在数理统计中的大样本统计推断中有广泛的应用.

在实际中，要求出 n 个随机变量的和 $\sum\limits_{i=1}^{n} X_i$ 的分布函数，一般是很困难的，由这个定理我们就可知道，只要满足条件，当 n 充分大时，都可以用正态分布对 $\sum\limits_{i=1}^{n} X_i$ 作理论分析和实际计算.

定理 4.6（棣莫弗-拉普拉斯中心极限定理）　设随机变量 $Y_n \sim B(n,p)$，$i=1,2,\cdots$，则对任意 x，有

$$\lim_{n\to\infty} P\left\{ \frac{Y_n - np}{\sqrt{np(1-p)}} \leqslant x \right\} = \int_{-\infty}^{x} \frac{1}{\sqrt{2\pi}} e^{-\frac{t^2}{2}} dt = \Phi(x).$$

证明　由于 $Y_n \sim B(n,p)$，于是 Y_n 可分解为 n 个相互独立的随机变量 $X_1, X_2, \cdots, X_n$ 的和，即 $Y_n = \sum\limits_{i=1}^{n} X_i$，且 X_i 服从 0-1 分布，$i=1,2,\cdots$. 其中 X_i 的分布律为

$$P\{X_i = 0\} = 1-p, P\{X_i = 1\} = p, i=1,2,\cdots.$$

由于 $E(X_i) = p, D(X_i) = p(1-p), i=1,2,\cdots,n$. 根据独立同分布中心极限定理，得

$$\lim_{n\to\infty} P\left\{ \frac{Y_n - np}{\sqrt{np(1-p)}} \leqslant x \right\} = \int_{-\infty}^{x} \frac{1}{\sqrt{2\pi}} e^{-\frac{t^2}{2}} dt = \Phi(x).$$

注意　易见，棣莫弗-拉普拉斯定理就是独立同分布中心极限定理的一个特殊情况.

【例 1】　某保险公司的资料统计：在索赔户中被盗者占 20%，记 X 为抽查的

100 家索赔户中被盗的户数.

(1)写出 X 的分布律;

(2)求这 100 家索赔户中被盗户在 14 到 30 家的概率的近似值.

解　用 $X_i = \begin{cases} 1 & \text{第 } i \text{ 家被盗} \\ 0 & \text{第 } i \text{ 家未被盗} \end{cases}, i = 1, 2, \cdots, 100,$

且 $P\{X_i = 0\} = 0.8, \quad P\{X_i = 1\} = 0.2, \quad i = 1, 2, \cdots, 100.$

则 $X = \sum_{i=1}^{100} X_i, E(X) = 100 \times 0.2 = 20, D(X) = 100 \times 0.2 \times 0.8 = 16.$

(1)有 $X \sim B(100, 0.2)$,所以 X 的分布律为

$$P\{X = k\} = C_{100}^k 0.2^k 0.8^{100-k}, \quad k = 1, 2, \cdots, 100.$$

(2) $P\{14 \leqslant X \leqslant 30\} = P\left\{\frac{14-20}{4} \leqslant \frac{X-20}{4} \leqslant \frac{30-20}{4}\right\}$

$$= P\left\{-1.5 \leqslant \frac{X-20}{4} \leqslant 2.5\right\}$$

$$= \Phi(2.5) - \Phi(-1.5) = 0.927.$$

【例 2】　某工厂一生产线生产的产品成箱包装,已知每箱重随机,但平均重为 50 kg,标准差为 5 kg,若用最大载重为 5 t 的汽车承运,试说明每辆车最多可以装多少箱,才能保证不超载的概率大于 0.977.(附:$\Phi(2) = 0.977$)

解　引进随机变量 X_i:"所装的第 i 箱的重量(kg)",n 为所装的箱数,n 箱所装的总重量 $T_n = X_1 + X_2 + \cdots + X_n$.

由题意知　$P\{T_n \leqslant 5\,000\} > 0.977, \quad E(X_i) = 50, \quad \sqrt{D(X_i)} = 5,$

所以有 $E(T_n) = 50n, \quad D(T_n) = 25n.$

由中心极限定理知 T_n 近似服从 $N(50n, 25n)$,从而

$$P\{T_n \leqslant 5\,000\} = P\left\{\frac{T_n - 50n}{5\sqrt{n}} \leqslant \frac{5\,000 - 50n}{5\sqrt{n}}\right\} \approx \Phi\left(\frac{5\,000 - 50n}{5\sqrt{n}}\right) > 0.977 = \Phi(2),$$

得 $\dfrac{5\,000 - 50n}{5\sqrt{n}} > 2$ 即 $n < 98.019\,9$,即最多可以装运 98 箱.

习　题　4

1.设随机变量 X 的数学期望 $E(X) = \mu$,方差 $D(X) = \sigma^2$,则由切比雪夫不等式,有 $P\{|X - \mu| \geqslant 3\sigma\} \leqslant$ ＿＿＿＿＿＿.

2.设随机变量 X 和 Y 的数学期望分别为 $E(X) = -2, E(Y) = 2$,方差 $D(X) = 1$, $D(Y) = 4$,而相关系数为 $\rho_{XY} = -0.5$,则根据切比雪夫不等式 $P\{|X + Y| \geqslant 6\} \leqslant$ ＿＿＿.

3.设随机变量 $X_1, X_2, \cdots, X_{100}$ 相互独立且都服从区间 $[0, 6]$ 上的均匀分布,设

随机变量 $Y = \sum\limits_{i=1}^{100} X_i$，利用切比雪夫不等式估计概率 $P\{260 < Y < 340\} >$ _____．

4. 设 $X_1, X_2, \cdots, X_n$ 是独立同分布的随机变量，且均服从区间 $(0,1)$ 上的均匀分布，求 $P\{X_1 + X_2 + \cdots + X_{100} \leqslant 60\}$．

5. 某种电器元件的寿命服从均值为 100 小时的指数分布，现随机的取 16 只，设它们的寿命是相互独立的．求这 16 只元件寿命总和大于 1 920 小时的概率．

6. 设某集成电路出厂时一级品率为 0.8，装配一台仪器需要 100 只一级品集成电路，问购置多少只集成电路才能以 99.9% 的概率保证装该仪器时够用（不能因一级品不够而影响工作）．

7. 从一大批发芽率为 0.9 的种子中随即抽取 1 000 粒，试求：

(1) 这 1 000 粒种子中至少有 880 粒发芽的概率；

(2) 这 1 000 粒种子的发芽率与 0.9 之差的绝对值小于 0.02 的概率．

8. 在一家保险公司里有 10 000 个人参加寿命保险，每人每年付 12 元保险费．在一年内一个人死亡的概率为 0.6%，死亡时其家属可向保险公司领得 1 000 元，问：

(1) 保险公司亏本的概率有多大？

(2) 保险公司一年的利润不少于 60 000 元的概率为多少？

第 5 章

数理统计的基本概念

在前四章概率论的学习中,概率分布通常总是已知的,而一切计算和推理就是在这些已知的基础上得出的.但在实际问题中,情况就并非如此,一个随机现象所遵循的分布是什么概型可能完全不知道;或者我们根据随机现象所反映的某些事实能断定其概型,但却不知道其分布函数中所含的参数.

例如:

(1)在一段时间内某段公路上行驶的车辆的速度服从什么概率分布是完全不知道的.

(2)某工厂生产的一批灯泡的寿命遵循何种分布也可能是不知道的.

(3)某单位购买一批电视机,任抽一件是次品或正品遵循的是两点分布(即分布概型已知),但是分布中的参数 p(即次品率)往往是未知的.

找出一个随机现象所对应的随机变量的分布或分布中的未知参数,这就是数理统计所要解决的首要问题,办法是什么呢? 以上述例子来说,我们要掌握车辆速度的分布,灯泡的寿命的分布,电视机次品率 p 的值,就必须对这一公路上行驶的车辆的速度,灯泡的寿命及电视机的次品率做一段时间的观察或测试一部分,从而对所关心的问题作出推断.即:

在数理统计学中,我们总是从所要研究的对象全体中抽取一部分进行观测或试验,以取得信息,从而对我们所关心的问题作出推断和估计.将研究对象的某项数量指标的全体称为**总体**或**母体**,而把组成总体的每个元素称为**个体**.例如一批灯泡的寿命的全体是一个总体,每个灯泡的寿命就是一个个体.显然,每个灯泡的寿命一般是不同的,作为个体的取值有一定的分布,所以个体是一个随机变量,因此总体也是一个随机变量.为了方便,下面将不再区分总体和对应的随机变量,统称为总体 X.

本章先介绍数理统计中的一些基本概念,并讨论几个常用统计量及抽样分布.

5.1　样本与统计量

5.1.1　样本

定义 5.1　为了推断总体 X 的分布或者分布中的未知参数,就必须从总体 X 中按照一定的法则抽取若干个体进行观查,然后根据观察所得数据来推断总体 X 的信息.这一抽取过程称为**抽样**,从总体 X 中抽取的一组个体 $X_1, X_2, \cdots, X_n$ 称为总体 X 的一个**样本**,显然,样本为一随机变量.

为了能更多更好地得到总体的信息,我们在相同条件下对总体 X 进行 n 次重复独立的观察,对样本要求具有:

(1)代表性:即每个个体被抽到的机会一样,保证了 $X_1, X_2, \cdots, X_n$ 的分布相同,与总体一样.

(2)独立性:即 $X_1, X_2, \cdots, X_n$ 相互独立.

那么,符合"代表性"和"独立性"要求的样本 $X_1, X_2, \cdots, X_n$ 称为**简单随机样本**,n 称为**样本容量**.易知,对有限总体而言,有放回地随机样本为简单随机样本,无放回地抽样不能保证 $X_1, X_2, \cdots, X_n$ 的独立性;但对无限总体而言,无放回随机抽样也得到简单随机样本,本书则主要研究简单随机样本.下面若无另外说明,所提到的样本都是指简单随机样本.

当 n 次观察完成得到一组数据 $x_1, x_2, \cdots, x_n$,称它们为样本 $X_1, X_2, \cdots, X_n$ 的一个**观察值**,简称为**样本值**.把样本 $X_1, X_2, \cdots, X_n$ 的所有可能取值构成的集合称为**样本空间**,显然一组样本值 $x_1, x_2, \cdots, x_n$ 是样本空间的一个点.

设总体 X 的分布函数为 $F(x)$,$X_1, X_2, \cdots, X_n$ 是 X 的一个样本,则其联合分布函数为:$F(x_1, x_2, \cdots, x_n) = \prod\limits_{i=1}^{n} F(x_i)$.

【例 1】　设总体 $X \sim B(1, p)$,$X_1, X_2, \cdots, X_n$ 为其一个简单随机样本,因为 $P\{X = x\} = p^x \cdot (1-p)^{1-x}$,$x = 0, 1$,所以样本的联合分布律为:

$$P\{X_1 = x_1, X_2 = x_2, \cdots, X_n = x_n\} = P\{X_1 = x_1\} P\{X_2 = x_2\} \cdots P\{X_n = x_n\}$$
$$= p^{x_1}(1-p)^{1-x_1} p^{x_2}(1-p)^{1-x_2} \cdots p^{x_n}(1-p)^{1-x_n}. \ x_i = 0, 1; \quad i = 1, 2, \cdots, n.$$

5.1.2　统计量

样本是我们进行分析和推断的起点,但实际上因为样本往往是一堆"杂乱无章"的数据,我们并不能直接利用样本进行推断,而需要对样本进行一番"加工"和"提炼",将分散于样本中的信息集中起来.

【例 2】　从某地区随机抽取 50 户农民,调查其月收入情况,得到下列数据(每

户人均元):

$$
\begin{array}{llllllllll}
924 & 800 & 916 & 704 & 870 & 1040 & 824 & 690 & 574 & 490 \\
972 & 988 & 1266 & 684 & 764 & 940 & 408 & 804 & 610 & 852 \\
602 & 754 & 788 & 962 & 704 & 712 & 854 & 888 & 768 & 848 \\
882 & 1192 & 820 & 878 & 614 & 846 & 746 & 828 & 792 & 872 \\
696 & 644 & 926 & 808 & 1010 & 728 & 742 & 850 & 864 & 738
\end{array}
$$

试对该地区农民收入的水平和贫富悬殊程度做大致分析. 显然,如果不进行加工,面对这大堆大小参差不齐的数据,很难得出什么印象. 但是只要对这些数据稍做加工,便能作出大致分析:如记各农户的年收入数为 $X_1, X_2, \cdots, X_{50}$,则考虑

$$
\overline{X} = \frac{1}{50} \sum_{i=1}^{50} X_i = 809.52,
$$

$$
S = \sqrt{\frac{1}{49} \sum_{i=1}^{50} (X_i - \overline{X})^2} = 154.28.
$$

我们可以从 $\overline{X}$ 得出该地区农民平均人均收入水平属中等,从 S 可以得出该地区农民贫富悬殊不大的结论(当然还需要一些参照资料). 由此可见对样本的加工是十分重要的. 对样本加工主要就是构造统计量.

定义 5.2 统计量是一个不含未知参数的样本的已知连续函数. 设样本为 X_1, $X_2, \cdots, X_n$,则统计量通常记为

$$
T = T(X_1, X_2, \cdots, X_n).
$$

当样本 $X_1, X_2, \cdots, X_n$ 的观测值是 $x_1, x_2, \cdots, x_n$ 时,$T(x_1, x_2, \cdots, x_n)$ 是统计量 $T(X_1, X_2 \cdots, X_n)$ 的观测值.

下面列出几个常用的统计量:

(1)样本均值

$$
\overline{X} = \frac{1}{n} \sum_{i=1}^{n} X_i;
$$

(2)样本方差

$$
S^2 = \frac{1}{n-1} \sum_{i=1}^{n} (X_i - \overline{X})^2 = \frac{1}{n-1} \left(\sum_{i=1}^{n} X_i^2 - n\overline{X}^2 \right);
$$

(3)样本标准差

$$
S = \sqrt{S^2} = \sqrt{\frac{1}{n-1} \sum_{i=1}^{n} (X_i - \overline{X})^2};
$$

(4)样本 k 阶原点矩

$$
A_k = \frac{1}{n} \sum_{i=1}^{n} X_i^k, \quad k = 1, 2, \cdots;
$$

(5)样本 k 阶中心矩

$$B_k = \frac{1}{n} \sum_{i=1}^{n} (X_i - \overline{X})^k, \quad k = 1, 2, \cdots.$$

注意 (1) $A_1 = \overline{X}$，但 B_2 与 S^2 却不同，由 S^2 与 B_2 的计算式可知：$B_2 = \frac{n-1}{n} S^2$.

当 $n \to \infty$ 时，$B_2 = S^2$，此时常利用 B_2 来计算 S（标准差）.

(2) 设总体 X 的分布函数为 $F(x)$，则称 $m_k = E(X^k)$（假设它存在）为总体 X 的 k 阶原点矩；称 $\mu_k = E[(X - E(X))^k]$ 为总体 X 的 k 阶**中心矩**. 把总体的各阶中心矩和原点矩统称为**总体矩**. 特别地，$m_1 = E(X)$，$\mu_2 = D(X)$ 是总体 X 的期望和方差.

当 $n \to \infty$ 时，$A_k \to m_k$，这就是下一章要介绍的矩估计的理论根据.

5.2 抽 样 分 布

统计量是样本的函数，因此是一个随机变量. 统计量是我们对总体的分布规律或数字特征进行推断的基础. 在使用统计量进行推断时必须要知道它的分布. 在数理统计中，统计量的分布称为**抽样分布**，因而确定抽样分布是数理统计的基本问题之一. 然而要求出一个统计量的精确分布是十分困难的. 而在实际问题中，大多总体都服从正态分布，因此可以求出一些重要统计量的精确分布. 下面我们介绍三类重要的分布，其总体都服从正态分布.

5.2.1 χ^2 分布

定义 5.3 $X_1, X_2, \cdots, X_n$ 是取自总体 $X \sim N(0,1)$，$i = 1, 2, \cdots, n$，则称**随机变量**

$$\chi^2 = X_1^2 + X_2^2 + \cdots + X_n^2 = \sum_{i=1}^{n} X_i^2$$

服从自由度为 n 的 χ^2 **分布**，记为 $\chi^2 \sim \chi^2(n)$. 这里自由度 n 是指独立变量的个数. 利用求随机变量函数的分布的方法即可求得 χ^2 分布的密度函数为

$$f(y) = \begin{cases} \dfrac{1}{2^{\frac{n}{2}} \Gamma\left(\dfrac{n}{2}\right)} y^{\frac{n}{2}-1} e^{-\frac{y}{2}} & y > 0 \\ 0 & y < 0 \end{cases}.$$

其中：$\Gamma\left(\dfrac{n}{2}\right) = \int_0^{\infty} x^{\frac{n}{2}-1} e^{-x} dx$，$\Gamma\left(\dfrac{1}{2}\right) = \sqrt{\pi}$.

事实上，$X^2 = \sum_{i=1}^{1} X_i^2 \sim \chi^2(1)$.

图 5-1 给出 $n = 1, 10, 20$ 时的 χ^2 分布的密度函数的曲线.

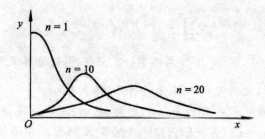

图 5-1 χ^2 分布密度函数曲线

χ^2 分布具有如下性质:

(1)χ^2 分布的可加性:

设 $\chi_1^2 \sim \chi^2(n_1)$,$\chi_2^2 \sim \chi^2(n_2)$,且 χ_1^2 与 χ_2^2 相互独立,则

$$\chi_1^2 + \chi_2^2 \sim \chi^2(n_1 + n_2).$$

(2)若 $\chi^2 \sim \chi^2(n)$,则 $E(\chi^2) = n$,$D(\chi^2) = 2n$.

事实上,因为 $X_i \sim N(0,1)$,则

$$E(X_i^2) = D(X_i) = 1;$$

$$D(X_i^2) = E(X_i^4) - [E(X_i^2)]^2 = \frac{1}{\sqrt{2\pi}} \int_{-\infty}^{+\infty} x^4 e^{-\frac{x^2}{2}} dx - 1$$

$$= 3 - 1 = 2. \quad i = 1, 2, \cdots, n$$

所以

$$E(\chi^2) = E(\sum_{i=1}^{n} X_i^2) = \sum_{i=1}^{n} E(X_i^2) = n;$$

$$D(\chi^2) = D(\sum_{i=1}^{n} X_i^2) = \sum_{i=1}^{n} D(X_i^2) = 2n.$$

下面介绍分布的上侧 α 分位数的概念,在后面章节中将会经常用到.

定义 5.4 设随机变量 X 的密度函数为 $f(x)$,对给定的 $\alpha(0 < \alpha < 1)$,称满足条件

$$P\{X \geqslant x_\alpha\} = \int_{x_\alpha}^{+\infty} f(x) dx$$

的实数 x_α 为 X 的**上侧 α 分位数**.

例如,随机变量 $\chi^2 \sim \chi^2(n)$,则称 $P\{\chi^2 > \chi_\alpha^2(n)\} = \alpha$ 的点 $\chi_\alpha^2(n)$ 为 $\chi^2(n)$ 分布的上侧 α 分位数,如图 5-2 所示.

χ^2 分布的上侧 α 分位数可制成表格. 如 $\alpha = 0.01$,$n = 10$,则查表可得 $\chi_{0.01}^2(n) = 23.209$,又如 $\alpha = 0.005$,$n = 6$,则 $\chi_{0.005}^2(6) = 18.548$.

若 $X \sim N(0,1)$,则它的上侧 α 分位数常用 Z_α 或 u_α 来表示. 由 $P\{X > Z_\alpha\} = \alpha$ 可知,$Z_{0.005} = 1.645$,$Z_{0.025} = 1.96$,如图 5-3 所示.通过查标准正态分布表即可得到.

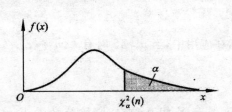
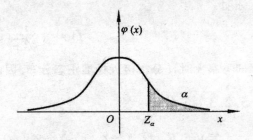

图 5-2 χ^2 分布的上侧 α 分位数　　　图 5-3 标准正态分布的上侧 α 分位数

这是因为 $P\{X\leqslant Z_\alpha\}=1-\alpha$,故 $P\{X\leqslant 1.96\}=0.975=1-0.025$.

5.2.2 t 分布

定义 5.5 设 $X\sim N(0,1)$,$Y\sim\chi^2(n)$,且 X 与 Y 相互独立,则称随机变量

$$T=\frac{X}{\sqrt{Y/n}}$$

服从自由度为 n 的 **t 分布**,记为 $T\sim t(n)$,t 分布又称为**学生氏(Student)分布**.

通过计算可得 t 分布的密度函数为

$$f(y)=\frac{\Gamma\left(\dfrac{n+1}{2}\right)}{\Gamma\left(\dfrac{n}{2}\right)\sqrt{n\pi}}\left(1+\frac{y^2}{n}\right)^{-\frac{n+1}{2}},$$

图 5-4 给出了 $n=1,2,5,10$ 时 t 分布的密度函数. 以 $t_\alpha(n)$ 记为 t 分布的上侧 α 分位数,如图 5-5 所示. 由

$$P\{T>t_\alpha(n)\}=\alpha$$

查 t 分布表可得 $t_\alpha(n)$ 的值. 由于 t 分布有对称性,因此 $t_{1-\alpha}(n)=-t_\alpha(n)$

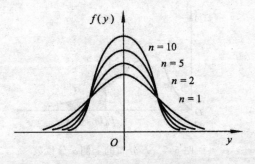
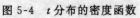
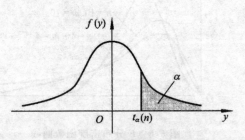

图 5-4 t 分布的密度函数　　　　图 5-5 t 分布的上侧 α 分位数

注意到 $\lim\limits_{n\to\infty}\left(1+\dfrac{y^2}{n}\right)^{-\frac{n+1}{2}}=\mathrm{e}^{-\frac{y^2}{2}}$,再利用伽马函数的斯特林(Stirling)公式可以

证明

$$f(y) \rightarrow \frac{1}{\sqrt{2\pi}} e^{-\frac{y^2}{2}}, \quad n \rightarrow \infty.$$

即 n 很大时,t 分布接近标准正态分布.因此,在应用中,当 $n > 45$ 时有 $t_\alpha(n) \approx Z_\alpha$.

5.2.3 F 分布

定义 5.6 设 $X \sim \chi^2(n)$,$Y \sim \chi^2(m)$,且 X 与 Y 相互独立,则称统计量 $F = \dfrac{X/n}{Y/m} = \dfrac{X}{Y} \cdot \dfrac{m}{n}$ 服从自由度为 (n,m) 的 F **分布**,记作 $F \sim F(n,m)$,其中,n 为第一自由度,m 为第二自由度.

由定义,若 $T \sim t(n)$,则 $T^2 \sim F(1,n)$.

$F(m,n)$ 的概率密度函数为:

$$f(x;n,m) = \begin{cases} \dfrac{\Gamma\left(\dfrac{n+m}{2}\right)}{\Gamma\left(\dfrac{n}{2}\right)\Gamma\left(\dfrac{m}{2}\right)} \left(\dfrac{n}{m}\right)\left(\dfrac{n}{m}x\right)^{\frac{n}{2}-1}\left(1+\dfrac{n}{m}x\right)^{-\frac{n+m}{2}} & \text{当 } x > 0 \\ 0 & \text{当 } x \leqslant 0 \end{cases}$$

图 5-6 给出了一些 F 分布的密度函数的图象.

我们称满足

$$P\{F > F_\alpha(n,m)\} = \int_{F_\alpha(n,m)}^{+\infty} f(y)\mathrm{d}y = \alpha$$

的点 $F_\alpha(m,n)$ 为 $F(m,n)$ 分布的上侧 α **分位数**,如图 5-7 所示.

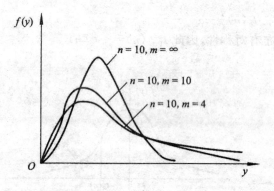

图 5-6 F 分布密度函数曲线   图 5-7 F 分布的上侧 α 分位数

F 分布的上侧 α 分位数有如下性质:

$$F_{1-\alpha}(n,m) = \frac{1}{F_\alpha(m,n)}.$$

显然,若 $F \sim F(n,m)$,则 $\frac{1}{F} \sim F(m,n)$,且

$$\alpha = P\{F \geqslant F_\alpha(n,m)\} = P\left\{\frac{1}{F} \leqslant \frac{1}{F_\alpha(n,m)}\right\} = 1 - P\left\{\frac{1}{F} \geqslant \frac{1}{F_\alpha(n,m)}\right\},$$

于是

$$P\left\{\frac{1}{F} \geqslant \frac{1}{F_\alpha(n,m)}\right\} = 1 - \alpha.$$

由上侧 α 分位数的定义,$F_{1-\alpha}(m,n) = \dfrac{1}{F_\alpha(n,m)}$ 显然成立.

【例】 求下列分位数:

(1)$t_{0.25}(4)$; 　　　　　　　　(2)$F_{0.1}(14,10)$.

解 (1)t 分布表没有 $\alpha = 0.25$. 但利用对称性,可查出 $t_{0.75}(4) = 0.7407$,故 $t_{0.25}(4) = -0.7407$;

(2)从 F 分布表中,查不到 $F_{0.1}(14,10)$,可查出 $F_{0.9}(14,10) = 2.10$,故 $F_{0.1}(14,10) = \dfrac{1}{2.10} \approx 0.476$.

5.2.4　正态总体样本均值与方差的函数的分布

定理 5.1 设 $X_1, X_2, \cdots, X_n$ 是从正态总体 $X \sim N(\mu, \sigma^2)$ 中抽取的一个简单随机样本,$\overline{X}$ 与 S^2 分别为样本均值和样本方差,则

(1)$\overline{X} \sim N\left(\mu, \dfrac{\sigma^2}{n}\right)$;

(2)$\dfrac{(n-1)S^2}{\sigma^2} \sim x^2(n-1)$;

(3)$\overline{X}$ 与 S^2 相互独立;

(4)$T = \dfrac{\overline{X} - \mu}{\dfrac{S}{\sqrt{n}}} \sim t(n-1)$.

证明 只证(4).由(1)(2)(3)知 $\overline{X} \sim N(\mu, \sigma^2/n)$,则 $\dfrac{\overline{X} - \mu}{\sigma/\sqrt{n}} \sim N(0,1)$.

又 $\dfrac{nS^2}{\sigma^2} \sim \chi^2(n-1)$ 及 $\overline{X}$ 与 S^2 独立知

$$\frac{\dfrac{\overline{X} - \mu}{\sigma/\sqrt{n}}}{\sqrt{\dfrac{(n-1)S^2}{\sigma^2} \Big/ n-1}} = \frac{\overline{X} - \mu}{S/\sqrt{n}} = T \sim t(n-1)$$

定理 5.2 设 $X_1, X_2, \cdots, X_n$ 与 $Y_1, Y_2, \cdots, Y_m$ 分别为来自正态总体 $N(\mu_1, \sigma_1{}^2)$ 和 $N(\mu_1, \sigma_2{}^2)$ 的简单随机样本,且两样本之间相互独立. 若

$$S_1^2 = \frac{1}{n-1}\sum_{i=1}^{n}(X_i-\overline{X})^2; \quad S_2^2 = \frac{1}{m-1}\sum_{i=1}^{m}(Y_i-\overline{Y})^2.$$

则

(1)$F = \dfrac{S_1^2}{S_2^2} \cdot \dfrac{\sigma_2^2}{\sigma_1^2} \sim F(n-1,m-1)$;

(2)若进一步假设 $\sigma_1^2 = \sigma_2^2$,有

$$T = \frac{\overline{X}-\overline{Y}-(\mu_1-\mu_2)}{S_w\sqrt{\dfrac{1}{n}+\dfrac{1}{m}}} \sim t(n+m-2).$$

其中 $S_w^2 = \dfrac{(n-1)S_1^2+(m-1)S_2^2}{n+m-2}$.

以上结论在后面将经常用到,另外,对其他总体,虽然很难求到其精确的抽样分布,但我们可以利用中心极限定理等理论得到当 n 较大时的近似分布,这就是统计问题中的大样本问题,在此我们不加讨论.

习 题 5

1.设 $X_1,X_2,\cdots,X_n$ 是来自于正态总体 $N(\mu,\sigma^2)$ 的简单随机样本,其中 μ,σ^2 未知,则下面不是统计量的是( ).

(A)X_i (B)$\overline{X} = \dfrac{1}{n}\sum_{i=1}^{n}X_i$

(C)$S^2 = \dfrac{1}{n-1}\sum_{i=1}^{n}(X_i-\overline{X})^2$ (D)$\dfrac{1}{n}\sum_{i=1}^{n}(X_i-\mu)^2$

2.设总体 $X \sim N(\mu,\sigma^2)$,$\overline{X}$ 为样本均值,S^2 为样本方差,则 $\dfrac{\overline{X}-\mu}{\dfrac{\sigma}{\sqrt{n}}}$ 服从 _____

_____;当 σ 未知时,$\dfrac{\overline{X}-\mu}{\dfrac{S}{\sqrt{n}}}$ 服从 _____.

3.设 $X_1,\cdots,X_6$ 是来自总体 $N(0,1^2)$ 的样本,又设

$$Y = (X_1+X_2+X_3)^2+(X_4+X_5+X_6)^2,$$

试求常数 C,使 CY 服从 χ^2 分布.

4.设 $X \sim N(0,\sigma^2)$,则服从自由度为 $n-1$ 的 t 分布的随机变量是( ).

(A)$\dfrac{\sqrt{n}\overline{X}}{S}$ (B)$\dfrac{\sqrt{n-1}\overline{X}}{S}$ (C)$\dfrac{\sqrt{n}\overline{X}}{S^2}$ (D)$\dfrac{\sqrt{n-1}\overline{X}}{S^2}$

5. 假定 $X \sim N(0,1)$，$\overline{X} = \dfrac{1}{n}\sum\limits_{i=1}^{n} X_i$，$S^2 = \dfrac{1}{n-1}\sum\limits_{i=1}^{n}(X_i - \overline{X})^2$，则服从自由度为 $(n-1)$ 的 χ^2 分布的随机变量是 _____.

(A) $\sum\limits_{i}^{n} X_i^2$　　　　(B) S^2　　　(C) $(n-1)\overline{X}^2$　　　　(D) $(n-1)S^2$

6. 设 $X_1, X_2, \cdots, X_6$ 为来自正态总体 $N(0, 2^2)$ 的样本，求 $P\{\sum\limits_{i=1}^{6} X_i^2 > 6.54\}$.

7. 设随机变量 $X \sim N(2,1)$，随机变量 Y_1, Y_2, Y_3, Y_4 均服从 $N(0,4)$，且 X, Y_i $(i=1,2,3,4)$ 都相互独立. 令

$$T = \frac{4(X-2)}{\sqrt{\sum\limits_{i=1}^{4} Y_i^2}},$$

试求 T 的分布，并确定 t_0 的值，使 $P\{|T| > t_0\} = 0.01$.

8. 查表写出下列值：

(1) $\chi^2_{0.005}(19)$，$\chi^2_{0.25}(8)$；　(2) $t_{0.01}(15)$，$t_{0.05}(5)$；　(3) $F_{0.01}(5,10)$，$F_{0.95}(24,3)$

9. 设 $X_1, X_2, \cdots, X_{100}$ 为来自参数为 $\lambda = 3$ 的泊松分布的一个样本，试求：(1) $\overline{X}$ 的数学期望和方差；(2) S^2 的数学期望.

第6章

参 数 估 计

上一章,我们讲了数理统计的基本概念,从这一章开始,我们研究数理统计的重要内容之一 —— 统计推断.

所谓统计推断,就是根据从总体中抽取的一个简单随机样本对总体进行分析和推断. 即由样本来推断总体,或者由部分推断总体. 这就是数理统计学的核心内容. 它的基本问题包括两大类问题,一类是估计理论;另一类是假设检验. 而估计理论又分为参数估计与非参数估计,参数估计又分为点估计和区间估计两种,这章我们主要研究参数估计.

6.1 点 估 计

关于点估计的一般提法:设 θ 为总体 X 分布函数中的未知参数或总体的某些未知的数字特征,$X_1,X_2,\cdots,X_n$ 是来自 X 的一个样本,$x_1,x_2,\cdots,x_n$ 是相应的一个样本值,点估计问题就是构造一个适当的统计量 $\hat{\theta}(X_1,X_2,\cdots,X_n)$,用其观察值 $\hat{\theta}(x_1,x_2,\cdots,x_n)$ 作为未知参数 θ 的近似值,我们称 $\hat{\theta}(X_1,X_2,\cdots,X_n)$ 为参数 θ 的**点估计量**,$\hat{\theta}(x_1,x_2,\cdots,x_n)$ 为参数 θ 的**点估计值**,在不至于混淆的情况下,点估计量和点估计值统称为**点估计**,并都简记为 $\hat{\theta}$. 由于估计量是样本的函数,因此对于不同的样本值,θ 的估计值是不同的.

点估计量的求解方法很多,这里主要介绍矩估计法和极大似然估计法.

6.1.1 矩估计法

1.基本思想

矩估计法是一种古老的估计方法. 矩是描写随机变量的最简单的数字特征. 样本来自于总体,由大数定律可以看到样本矩在一定程度上也反映了总体矩的特征,且在样本容量 n 增大的条件下,样本的 k 阶原点矩 $A_k = \dfrac{1}{n}\sum_{i=1}^{n}X_i^k$ 以概率收敛到总体 X 的 k 阶原点矩 $m_k = E(X^k)$,即 $\lim_{n\to\infty}A_k = \lim_{n\to\infty}\dfrac{1}{n}\sum_{i=1}^{n}X_i^k = m_k$,因而自然想到用样本矩作为总体矩的估计.

2. 具体分析

定义 6.1 一般地,若总体的分布有 n 个参数 $\theta_1, \theta_2, \cdots, \theta_n$,则显然,总体的 k $(k \leqslant n)$ 阶原点矩 m_k 如果存在的话,必依赖这些参数,即

$$m_k = m_k(\theta_1, \theta_2, \cdots, \theta_n), \quad k = 1, 2, \cdots, n.$$

假设 $\theta = (\theta_1, \theta_2, \cdots, \theta_n)$ 为总体 X 的待估参数,$(X_1, X_2, \cdots, X_n)$ 是来自 X 的一个样本. 令

$$\begin{cases} A_1 = m_1(\theta_1, \theta_2, \cdots, \theta_n) \\ A_2 = m_2(\theta_1, \theta_2, \cdots, \theta_n) \\ \cdots\cdots\cdots \\ A_n = m_n(\theta_1, \theta_2, \cdots, \theta_n) \end{cases}$$

即

$$A_k = \frac{1}{n} \sum_{i=1}^{n} X_i^k = m_k = EX^k, \quad k = 1, 2, \cdots, n.$$

得一个包含 n 个未知数 $\theta_1, \theta_2, \cdots, \theta_n$ 的方程组,从中解出 $\theta = (\theta_1, \theta_2, \cdots, \theta_n)$ 的一组解 $\hat{\theta} = (\hat{\theta}_1, \hat{\theta}_2, \cdots, \hat{\theta}_n)$,然后用这个方程组的解 $\hat{\theta}_1, \hat{\theta}_2, \cdots, \hat{\theta}_n$ 分别作为 $\theta_1, \theta_2, \cdots, \theta_n$ 的估计量,这种估计量称为**矩估计量**,矩估计量的观察值称为**矩估计值**. 该方法称为**矩估计法**.

【例1】 总体 X 服从 0-1 分布,求参数 p 的矩估计.

解 设 $X_1, X_2, \cdots, X_n$ 为 X 的一个样本,若其中有 n_1 个 X_i 等于 1,则

$$\overline{X} = \frac{1}{n} \sum_{i=1}^{n} X_i = \frac{n_1}{n} \text{ 即为事件 } A \text{ 发生的频率.}$$

另一方面,显然 $EX = P(A) = p$,故有 $\hat{p} = \overline{X}$.

本例的一个实际应用,在池塘内捞 1000 条鱼做上记号放回,过一段时间再捞 1000 条鱼,已知其中有 5 条鱼有记号,则 p 的矩估计值为

$$\hat{p} = \overline{x} = 5/1000 = 0.005,$$

从而鱼的条数 n 的矩估计值为

$$\hat{n} = \frac{1000}{\hat{p}} = \frac{1000}{0.005} = 200000.$$

【例2】 设 X 为 $[\theta_1, \theta_2]$ 上的均匀分布,$X_1, X_2, \cdots, X_n$ 为样本,求 θ_1, θ_2 的矩估计.

解

$$m_1 = EX = \frac{\theta_1 + \theta_2}{2}$$

$$m_2 = EX^2 = DX + (EX^2) = \frac{(\theta_2 - \theta_1)^2}{12} + \frac{(\theta_1 + \theta_2)^2}{4}.$$

令

$$\begin{cases} \dfrac{\theta_1 + \theta_2}{2} = A_1 = \overline{X} \\ \dfrac{(\theta_2 - \theta_1)^2}{12} + \dfrac{(\theta_1 + \theta_2)^2}{4} = A_2 = \dfrac{1}{n}\sum_{i=1}^{n} X_i^2 \end{cases}.$$

解上述关于 θ_1, θ_2 的方程得

$$\begin{cases} \hat{\theta}_1 = \overline{X} - \sqrt{3B_2} \\ \hat{\theta}_2 = \overline{X} + \sqrt{3B_2} \end{cases}.$$

【例3】 设总体 X 的均值 μ 及方差 σ^2 都存在但均未知,且有 $\sigma^2 > 0$. 又设$(X_1, X_2, \cdots, X_n)$ 是来自总体 X 的一个样本,试求 μ, σ^2 的矩估计量.

解 因为 $\begin{cases} m_1 = E(X) = \mu \\ m_2 = E(X^2) = D(X) + [E(X)]^2 = \sigma^2 + \mu^2 \end{cases}$

令

$$\begin{cases} \mu = A_1 \\ \sigma^2 + \mu^2 = A_2 \end{cases},$$

则

$$\begin{cases} \mu = A_1 \\ \sigma^2 = A_2 - A_1^2 \end{cases},$$

所以得

$$\begin{cases} \hat{\mu} = \overline{X} \\ \hat{\sigma}^2 = \dfrac{1}{n}\sum_{i=1}^{n}(X_i^2) - \overline{X}^2 = \dfrac{1}{n}\sum_{i=1}^{n}(X_i - \overline{X})^2 \end{cases}.$$

注意 上述结果表明:总体均值与方差的矩估计量的表达式不会因总体的分布不同而异;同时,我们又注意到,总体均值是用样本均值来估计的,而总体方差(即总体的二阶中心矩)却不是用样本方差来估计的,而是用样本二阶中心矩来估计.那么,能否用 S^2 来估计 σ^2 呢?能的话,S^2 与 B_2 哪个更好?后面将作详细讨论.

这样看来,虽然矩估计法计算简单,不管总体服从什么分布,都能求出总体矩的估计量,但它仍然存在着一定的缺陷:对于一个参数,可能会有多种估计量.比如下面的例子:

【例4】 设 $X \sim P(\lambda)$,λ 未知,$(X_1, X_2, \cdots, X_n)$ 是 X 的一个样本,求 $\hat{\lambda}$.

解 因为 $E(X) = \lambda, D(X) = \lambda$,

所以由例3可知: $E(X) = \lambda \Rightarrow \hat{\lambda} = \overline{X}$;

$$D(X) = \lambda \Rightarrow \hat{\lambda} = \dfrac{1}{n}\sum_{i=1}^{n}(X_i - \overline{X})^2.$$

由以上可看出,显然 $\overline{X}$ 与 $\dfrac{1}{n}\sum_{i=1}^{n}(X_i - \overline{X})^2$ 是两个不同的统计量,但都是 λ 的估

计量.这样,就会给应用带来不便,为此,R. A. Fisher 提出了以下的改进的方法:

6.1.2　极(最)大似然估计法

参数的点估计方法中另一个常用方法就是极大似然估计,简记为 MLE(Maximum Likelihood Estimation).从字面上来理解,就是通过对样本的考察,认为待估参数最像是取什么值即作为对参数的估计,事实上,极大似然估计原理也大致如此.我们通过一个具体例子来说明这一估计的思想.

1. 基本思想

【例5】　已知某人射击命中率为 $p = 0.2$ 或者 $p = 0.8$,今有一张靶纸上面的弹着点表明为 10 枪 3 中,问这个人的命中率如何推断.

从直观上看,若命中率为 $p = 0.8$,这个人的枪法属上乘,但这次射击成绩不至于这么差;而若命中率是 $p = 0.2$,这个人的枪法又似乎尚不足以打出这么好的成绩,但二者取一,还是更象这个人的枪法比较差一些.我们来计算一下可能性,若命中率 $p = 0.2$,则打 10 枪 3 中的概率为 $C_{10}^3 0.2^3 0.8^7 = 0.2$;若命中率 $p = 0.8$,则打 10 枪 3 中的概率为 $C_{10}^3 0.8^3 0.2^7 = 0.0008$.因为"10 枪 3 中"这一事件已经发生,所以我们要选择参数 p 使此事件发生的概率 $C_{10}^3 p^3 (1 - p)^7$ 尽可能的大,所以我们估计这个人的命中率 $\hat{p} = 0.2$.

以上选择参数 p 的值使其在这次实验中得到的样本值出现的概率最大,并且用这个值作为参数 p 的估计值,这就是极大似然估计法选择未知参数估计值的基本思想.

2. 具体分析

为了说明做法,先给出参数空间的定义.

定义 6.2　$\theta = (\theta_1, \theta_2, \cdots, \theta_m)$ 为待估参数,参数的可能取值全体称为**参数空间**.参数空间记为 Θ.比如在例 5 中参数空间 $\Theta = \{0.2, 0.8\}$.

从例 5 我们可以看出,极大似然估计的做法,关键有两步:

第一步写出某样本 $X_1, X_2, \cdots, X_n$ 出现概率的表达式 $L(\theta)$,对于离散型总体 X,设它的分布列为 $P\{x = a_i\} = p_i(\theta), i = 1, 2, \cdots$,则上述样本出现的概率为

$$L(\theta) = \prod_{i=1}^n p(x_i; \theta).$$

对于固定的样本,$L(\theta)$ 是参数 θ 的函数,称之为似然函数.

第二步则是求 $\hat{\theta} \in \Theta(\Theta$ 是参数空间),使得 $L(\theta)$ 达到最大,此 $\hat{\theta}$ 即为所求的参数 θ 的极大似然估计.这里还需要着重强调几点:

(1)当总体 X 是连续型随机变量时,谈所谓样本 $X_1, X_2, \cdots, X_n$ 出现的概率是没有什么意义的,因为任何一个具体样本的出现都是零概率事件.这时我们就考虑样本在它任意小的邻域中出现的概率,这个概率越大,就等价于此样本处的概率密

度越大.因此在连续型总体的情况下,我们用样本的密度函数作为似然函数,即

$$L(\theta) = \prod_{i=1}^{n} f(x_i; \theta).$$

(2)为了计算方便,我们常对似然函数 $L(\theta)$ 取对数,并称 $\ln L(\theta)$ 为对数似然函数.易知, $L(\theta)$ 与 $\ln L(\theta)$ 在同一 $\hat{\theta}$ 处达到极大,因此,这样做不会改变极大值点.

(3)在例5中参数空间只有两点,可以用穷举法求出在哪一点上达到最大,但在大多数情形中, Θ 包含 m 维欧氏空间的一个区域,因此,必须采用求极值的办法,即对对数似然函数关于 θ_i 求导,再令之为0,即得

$$\frac{\partial \ln L(\theta)}{\partial \theta_i} = 0, \theta = (\theta_1, \theta_2, \cdots, \theta_m), i = 1, 2, \cdots, m. \tag{6.1}$$

称(6.1)为似然方程(组).解上述方程,即得到 $\theta_i (i = 1, 2, \cdots, m)$ 的极大似然估计.

从而得到求极大似然估计的步骤:

(1)写出总体的 X 的分布律 $p(x_i; \theta)$ 或概率密度函数 $f(x_i; \theta)$;(下面只写连续型的,离散型一样)

(2)写出似然函数 $L(\theta) = \prod_{i=1}^{n} f(x_i, \theta)$;

(3)对似然函数取对数 $\ln L(\theta) = \ln \prod_{i=1}^{n} f(x_i, \theta) = \sum_{i=1}^{n} \ln f(x_i, \theta)$;

(4)对 $\ln L(\theta)$ 求(偏)导得似然方程;

(5)解似然方程,得极大似然估计值 $\hat{\theta} = (\hat{\theta}_1, \hat{\theta}_2, \cdots, \hat{\theta}_m)$.

【例6】 设 $X \sim B(1, p)$, p 为未知参数, $x_1, x_2, \cdots, x_n$ 是一个样本值,求参数 p 的极大似然估计.

解 因为总体 X 的分布律为: $P\{X = x\} = p^x (1-p)^{1-x}, x = 0, 1$
故似然函数为

$$L(p) = \prod_{i=1}^{n} p^{x_i} (1-p)^{1-x_i} = p^{\sum_{1}^{n} x_i} (1-p)^{n-\sum_{1}^{n} x_i}, x_i = 0, 1(i = 1, 2, \cdots, n),$$

而
$$\ln L(p) = (\sum_{i=1}^{n} x_i) \ln p + (n - \sum_{i=1}^{n} x_i) \ln(1-p).$$

令
$$\frac{d \ln L(p)}{dp} = \frac{\sum_{i=1}^{n} x_i}{p} + \frac{(n - \sum_{i=1}^{n} x_i)}{(p-1)} = 0,$$

解得 p 的极大似然估计值为

$$\hat{p} = \frac{1}{n} \sum_{i=1}^{n} x_i = \bar{x}.$$

所以 p 的极大似然估计量为

$$\hat{p} = \frac{1}{n} \sum_{i=1}^{n} X_i = \overline{X}.$$

【例7】　设 $X \sim N(\mu, \sigma^2)$，μ, σ^2 未知，$X_1, X_2, \cdots, X_n$ 为 X 的一个样本，$x_1, x_2, \cdots, x_n$ 是 $X_1, X_2, \cdots, X_n$ 的一个样本值，求 μ, σ^2 的极大似然估计值及相应的估计量.

解　因为

$$X \sim f(x; \mu, \sigma) = \frac{1}{\sqrt{2\pi}\sigma} e^{-\frac{(x-\mu)^2}{2\sigma^2}}, \quad x \in \mathbf{R}.$$

所以似然函数为

$$L(\mu, \sigma^2) = \prod_{i=1}^{n} \frac{1}{\sqrt{2\pi}\sigma} e^{-\frac{(x_i-\mu)^2}{2\sigma^2}} = (2\pi\sigma^2)^{-\frac{n}{2}} \exp\left[-\frac{1}{2\sigma^2} \sum_{i=1}^{n} (x_i - \mu)^2\right],$$

取对数得

$$\ln L(\mu, \sigma^2) = -\frac{n}{2}(\ln 2\pi + \ln \sigma^2) - \frac{1}{2\sigma^2} \sum_{i=1}^{n} (x_i - \mu)^2,$$

分别对 μ, σ^2 求导数得

$$\begin{cases} \dfrac{\partial}{\partial \mu}(\ln L(\mu, \sigma^2)) = \dfrac{1}{\sigma^2} \sum_{i=1}^{n} (x_i - \mu) = 0 & (6.2) \\[3mm] \dfrac{\partial}{\partial \sigma^2}(\ln L(\mu, \sigma^2)) = -\dfrac{n}{2\sigma^2} + \dfrac{1}{2\sigma^4} \sum_{i=1}^{n} (x_i - \mu)^2 = 0 & (6.3) \end{cases}$$

由(6.2)得

$$\mu = \frac{1}{n} \sum_{i=1}^{n} x_i = \overline{x},$$

代入(6.3)得

$$\sigma^2 = \frac{1}{n} \sum_{i=1}^{n} (x_i - \overline{x})^2,$$

所以 μ, σ^2 的极大似然估计值分别为：

$$\hat{\mu} = \frac{1}{n} \sum_{i=1}^{n} x_i = \overline{x}; \quad \hat{\sigma}^2 = \frac{1}{n} \sum_{i=1}^{n} (x_i - \overline{x})^2.$$

μ, σ^2 的极大似然估计量分别为：

$$\hat{\mu} = \frac{1}{n} \sum_{i=1}^{n} X_i = \overline{X}; \quad \hat{\sigma}^2 = \frac{1}{n} \sum_{i=1}^{n} (X_i - \overline{X})^2 = B_2.$$

【例8】　设 $X \sim U[a, b]$，a, b 未知，$(x_1, x_2, \cdots, x_n)$ 是一个样本值，求 a, b 的极大似然估计.

解　由于

$$X \sim f(x) = \begin{cases} \dfrac{1}{b-a} & \text{当 } a \leqslant x \leqslant b \\ 0 & \text{其他} \end{cases}$$

则似然函数为

$$L(a,b) = \begin{cases} \dfrac{1}{(b-a)^n} & \text{当 } a \leqslant x_1, x_2, \cdots, x_n \leqslant b \\ 0 & \text{其他} \end{cases}.$$

通过分析可知,用求似然函数极大值的方法求极大似然估计很难求解(因为无极值点),所以可用直接观察法:

记 $x_{(1)} = \min\limits_{1 \leqslant i \leqslant n} x_i, x_{(n)} = \max\limits_{1 \leqslant i \leqslant n} x_i$,有 $a \leqslant x_1, x_2, \cdots, x_n \leqslant b \Leftrightarrow a \leqslant x_{(1)}, x_{(n)} \leqslant b$.

则对于满足条件:$a \leqslant x_{(1)}, x_{(n)} \leqslant b$ 的任意 a, b 有

$$L(a,b) = \frac{1}{(b-a)^n} \leqslant \frac{1}{(x_{(n)} - x_{(1)})^n},$$

即 $L(a,b)$ 在 $a = x_{(1)}, b = x_{(n)}$ 时取得最大值 $L_{\max}(a,b) = \dfrac{1}{(x_{(n)} - x_{(1)})^n}$.

故 a, b 的极大似然估计值为

$$\hat{\theta}_1 = x_{(1)} = \min_{1 \leqslant i \leqslant n} x_i, \hat{\theta}_2 = x_{(n)} = \max_{1 \leqslant i \leqslant n} x_i.$$

a, b 的极大似然估计量为

$$\hat{\theta}_1 = X_{(1)} = \min_{1 \leqslant i \leqslant n} X_i, \hat{\theta}_2 = X_{(n)} = \max_{1 \leqslant i \leqslant n} X_i.$$

3. 极大似然估计量的性质

设 θ 的函数 $u = u(\theta), \theta \in \Theta$,具有单值反函数 $\theta = \theta(u)$. 又设 $\hat{\theta}$ 是 X 的密度函数 $f(x;\theta)$[或分布列 $p(x;\theta)$]中参数 θ 的极大似然估计,则 $\hat{u} = u(\hat{\theta})$ 是 $u(\theta)$ 的极大似然估计.

例如,在例 7 中得到 σ^2 的极大似然估计为 $\hat{\sigma}^2 = \dfrac{1}{n} \sum\limits_{i=1}^{n} (X_i - \overline{X})^2$,而 $\mu = \mu(\sigma^2)$ $= \sqrt{\sigma^2}$ 具单值反函数 $\sigma^2 = \mu^2 (\mu > 0)$,据上述性质有:标准差 σ 的极大似然估计为

$$\hat{\sigma} = \sqrt{\hat{\sigma}^2} = \sqrt{\frac{1}{n} \sum_{i=1}^{n} (X_i - \overline{X})^2}.$$

6.1.3 估计量的评选标准

从例 2 和例 8 得到,对于同一参数,用不同的估计方法求出的估计量可能不相同;从例 4 得知,用相同的方法也可能得到不同的估计量,也就是说,同一参数可能具有多种估计量,而且,原则上讲,其中任何统计量都可以作为未知参数的估计量,那么采用哪一个估计量为好呢?这就涉及估计量的评价问题,而判断估计量好坏的标准是:有无系统偏差;波动性的大小;伴随样本容量的增大是否是越来越精确,这就是估计的无偏性,有效性和一致性(相合性).

1. 无偏性

设 $\hat{\theta}$ 是未知参数 θ 的估计量,则 $\hat{\theta}$ 是一个随机变量,对于不同的样本值就会得到

不同的估计值,我们总希望估计值在 θ 的真实值左右徘徊,而若其数学期望恰等于 θ 的真实值,这就引出了无偏性这个标准.

定义 6.3　设 $\hat{\theta} = \hat{\theta}(X_1, X_2, \cdots, X_n)$ 是未知参数 θ 的估计量,若 $E(\hat{\theta})$ 存在,有 $E(\hat{\theta}) = \theta$,则称 $\hat{\theta}$ 是 θ 的**无偏估计量**,称 $\hat{\theta}$ 具有**无偏性**.

在科学技术中,$E(\hat{\theta}) - \theta$ 称为以 $\hat{\theta}$ 作为 θ 的估计的**系统误差**,无偏估计的实际意义就是无系统误差.

【例 9】　设总体 X 的 k 阶中心矩 $m_k = E(X^k)(k \geqslant 1)$ 存在,$(X_1, X_2, \cdots, X_n)$ 是 X 的一个样本,证明:不论 X 服从什么分布,$A_k = \dfrac{1}{n}\sum\limits_{i=1}^{n} X_i^k$ 是 m_k 的无偏估计.

证明　因为 $X_1, X_2, \cdots X_n$ 与 X 同分布,所以 $E(X_i^k) = E(X^k) = m_k, i = 1, 2, \cdots, n$.

所以 $E(A_k) = \dfrac{1}{n}\sum\limits_{i=1}^{n} E(X_i^k) = m_k$. 特别地,不论 X 服从什么分布,只要 $E(X)$ 存在,$\overline{X}$ 总是 $E(X)$ 的无偏估计.

【例 10】　设总体 X 的 $E(X) = \mu, D(X) = \sigma^2$ 都存在,且 $\sigma^2 > 0$,若 μ, σ^2 均为未知,则 σ^2 的估计量 $\hat{\sigma}^2 = \dfrac{1}{n}\sum\limits_{i=1}^{n}(X_i - \overline{X})^2$ 是有偏差的.

证明　因为

$$\hat{\sigma}^2 = \frac{1}{n}\sum_{i=1}^{n}(X_i - \overline{X})^2 = \frac{1}{n}\sum_{i=1}^{n} X_i^2 - \overline{X}^2,$$

所以

$$E(\hat{\sigma}^2) = \frac{1}{n}\sum_{i=1}^{n} E(X_i^2) - E(\overline{X}^2)$$

$$= \frac{1}{n}\sum_{i=1}^{n} E(X^2) - (D\overline{X} + (E\overline{X})^2)$$

$$= (\sigma^2 + \mu^2) - \left(\frac{\sigma^2}{n} + \mu^2\right) = \frac{n-1}{n}\sigma^2.$$

若在 $\hat{\sigma}^2$ 的两边同乘以 $\dfrac{n}{n-1}$,则所得到的估计量就是无偏估计量.

即

$$E\left(\frac{n}{n-1}\hat{\sigma}^2\right) = \frac{n}{n-1} E(\hat{\sigma}^2) = \sigma^2.$$

而 $\dfrac{n}{n-1}\hat{\sigma}^2$ 恰就是样本方差 $S^2 = \dfrac{1}{n-1}\sum\limits_{i=1}^{n}(X_i - \overline{X})^2 = \dfrac{n}{n-1} B_2$.

可见,S^2 可以作为 σ^2 的估计,而且是无偏估计. 因此,常用 S^2 作为方差 σ^2 的估计量. 从无偏的角度考虑,S^2 比 B_2 作为 $\hat{\sigma}^2$ 的估计好.

在实际应用中,对整个系统(整个试验)而言无系统偏差,就一次实验来讲,$\hat{\theta}$ 可能偏大也可能偏小,实质上并说明不了什么问题,只是平均来说它没有偏差. 所以无偏性只有在大量的重复实验中才能体现出来;另一方面,我们注意到:无偏估计只涉及一阶矩(均值),虽然计算简便,但是往往会出现一个参数的无偏估计有多个,而无法确定哪个估计量好.比如某一厂商长期向某一销售商提供一种产品,在对产品的检验方法上,双方同意采用抽样以后对次品进行估计的办法.如果这种估计是无偏的,那么双方都理应能够接受.比如这一次估计次品率偏高,厂商吃亏了,但下一次估计可能偏低,厂商的损失可以补回来,由于双方的交往是长期多次的,采用无偏估计,总的来说是互不吃亏.

然而不幸的是,无偏性有时并无多大的实际意义.这里有两种情况,一种情况是在一类实际问题中没有多次抽样,比如前面的例子中,厂商和销售商没有长期合作关系,纯属一次性的商业行为,双方谁也不愿吃亏,这就没有什么"平均"可言.另一种情况是被估计的量实际上是不能相互补偿的,因此"平均"没有实际意义,例如通过试验对某型号几批导弹的系统误差分别做出估计,既使这一估计是无偏的,但如果这一批导弹的系统误差实际估计偏左,下一批导弹则估计偏右,结果两批导弹在使用时都不能命中预定目标,这里不存在"偏左"与"偏右"相互抵消或"平均命中"的问题.

我们还可以举出数理统计本身的例子来说明无偏性的局限.

【例 11】　设 X 服从参数为 λ 的泊松分布,$X_1,X_2,\cdots,X_n$ 为 X 的样本,用 $(-2)^{X_1}$ 作为 $e^{-3\lambda}$ 的估计,则此估计是无偏的.因为

$$E[(-2)^{X_1}] = e^{-\lambda}\sum_{k=0}^{\infty}(-2)^k\frac{\lambda^k}{k!} = e^{-\lambda}e^{-2\lambda} = e^{-3\lambda}.$$

但当 X_1 取奇数时,$(-2)^{X_1} < 0$,显然用它作为 $e^{-3\lambda} > 0$ 的估计是不能令人接受的.为此我们还需要有别的标准.

2. 有效性

定义 6.4　设 $\hat{\theta}_1 = \hat{\theta}_1(X_1,X_2,\cdots,X_n)$ 与 $\hat{\theta}_2 = \hat{\theta}_2(X_1,X_2,\cdots,X_n)$ 都是 θ 的无偏估计量,若有 $D(\hat{\theta}_1) < D(\hat{\theta}_2)$,则称 $\hat{\theta}_1$ 比 $\hat{\theta}_2$ 有效.若对 $\forall\theta$ 的无偏估计 $\hat{\theta}$ 都有:$D(\hat{\theta}_0) \leqslant D(\hat{\theta})$,则称 $\hat{\theta}_0$ 为 θ 的**最小方差无偏估计**.

【例 12】　设 X_1,X_2 是总体 X 的样本,则统计量 $\overline{X} = \dfrac{X_1+X_2}{2}$ 与 $X' = \dfrac{X_1+2X_2}{3}$ 都是总体均值 μ 的无偏估计量,易算得:$D(\overline{X}) = \dfrac{D(X)}{2}$,$D(X') = \dfrac{5D(X)}{9}$,可见 $\overline{X}$ 比 X' 更有效.

3. 一致性(相合性)

关于无偏性和有效性是在样本容量固定的条件下提出的,实际应用中,不仅希望一个估计量是无偏的,而且是有效的,自然希望伴随样本容量的增大,估计值能稳定于待估参数的真值,为此引入一致性概念.

定义6.5 设 $\hat\theta$ 是 θ 的估计量,若对 $\forall \varepsilon > 0$,有 $\lim\limits_{n\to\infty} P\{|\hat\theta - \theta| < \varepsilon\} = 1$,则称 $\hat\theta$ 是 θ 的**一致估计量**.

例如,在任何分布中,$\overline{X}$ 是 $E(X)$ 的一致估计量;而 S^2 与 B_2 都是 $D(X)$ 的一致估计量.

不过,一致性只有在 n 相当大时,才能显示其优越性,而在实际中,往往很难达到,因此,在实际工作中,关于估计量的选择要视具体问题而定.

6.2 区 间 估 计

6.2.1 置信区间及其求法

从点估计中可知,若只是对总体的某个未知参数 θ 的值进行统计推断,那么点估计是一种很有用的形式,即只要得到样本观测值 $(x_1, x_2\cdots, x_n)$,点估计值 $\hat\theta(x_1, x_2\cdots, x_n)$ 对 θ 的值有一个明确的数量概念. 但是 $\hat\theta(x_1, x_2\cdots\cdots, x_n)$ 仅仅是 θ 的一个近似值,它并没有反映出这个近似值的误差范围,这对实际工作都来说是不方便的,而区间估计正好弥补了点估计的这个缺陷. 区间估计是指由两个取值于参数空间 Θ 的统计量 $\hat\theta_1, \hat\theta_2$ 组成一个区间,对于一个具体问题得到的样本值之后,便给出了一个具体的区间 $[\hat\theta_1, \hat\theta_2]$,使参数 θ 尽可能地落在该区间内.

事实上,由于 $\hat\theta_1, \hat\theta_2$ 是两个统计量,所以 $[\hat\theta_1, \hat\theta_2]$ 实际上是一个随机区间,它覆盖 θ(即 $\theta \in [\hat\theta_1, \hat\theta_2]$)就是一个随机事件,而 $P\{\theta \in [\hat\theta_1, \hat\theta_2]\}$ 就反映了这个区间估计的可信程度.

定义6.6 设总体 X 的分布函数 $F(x;\theta)$ 含有一个未知参数 θ,对于给定的 α($0 < \alpha < 1$),若由样本 $(X_1, X_2\cdots, X_n)$ 确定的两个统计量 $\underline{\theta}(X_1, X_2\cdots, X_n)$ 和 $\overline{\theta}(X_1, X_2\cdots, X_n)$ 满足:

$$P\{\underline{\theta} \leqslant \theta \leqslant \overline{\theta}\} = 1 - \alpha \tag{6.4}$$

则称:$[\underline{\theta}, \overline{\theta}]$ 为 θ 的置信度为 $1 - \alpha$ 的**置信区间**,$1 - \alpha$ 称为**置信度**或**置信水平**,$\underline{\theta}$ 称为双侧置信区间的**置信下限**,$\overline{\theta}$ 称为**置信上限**.

定义6.6中,(6.4)式的意义在于:若反复抽样多次,每个样本值确定一个区间 $[\underline{\theta}, \overline{\theta}]$,每个这样的区间要么包含 θ 的真值,要么不包含 θ 的真值,根据伯努利大数定律,在这样多的区间中,包含 θ 真值的约占 $1 - \alpha$,不包含 θ 真值的约仅占 α,比如,$\alpha = 0.005$,反复抽样1000次,则得到的1000个区间中不包含 θ 真值的区间仅为5个.

【例1】 设总体 $X \sim N(\mu, \sigma^2)$,σ^2 为已知,μ 为未知,$(X_1, X_2\cdots, X_n)$ 是来自 X 的一个样本,求 μ 的置信度为 $1 - \alpha$ 的置信区间.

解 由前知,$\overline{X}$ 是 μ 的无偏估计,且有 $U = \dfrac{\overline{X} - \mu}{\sigma/\sqrt{n}} \sim N(0, 1^2)$,

据标准正态分布的 α 分位点的定义有:

$$P\{|U| \leqslant u_{\frac{\alpha}{2}}\} = 1 - \alpha,$$

即

$$P\{\bar{X} - \frac{\sigma}{\sqrt{n}}u_{\frac{\alpha}{2}} \leqslant \mu \leqslant \bar{X} + \frac{\sigma}{\sqrt{n}}u_{\frac{\alpha}{2}}\} = 1 - \alpha.$$

所以 μ 的置信度为 $1 - \alpha$ 的置信区间为

$$\left[\bar{X} - \frac{\sigma}{\sqrt{n}}u_{\frac{\alpha}{2}}, \quad \bar{X} + \frac{\sigma}{\sqrt{n}}u_{\frac{\alpha}{2}}\right], 简写成 \left[\bar{X} \pm \frac{\sigma}{\sqrt{n}}u_{\frac{\alpha}{2}}\right].$$

比如,$\alpha = 0.05$ 时,$1 - \alpha = 0.95$,查表得:$u_{\frac{\alpha}{2}} = u_{0.025} = 1.96$.

又若 $\sigma = 1, n = 16, \bar{x} = 5.4$,则得到一个置信度为 0.95 的置信区间为:

$$\left[5.4 \pm \frac{1}{\sqrt{16}} \times 1.96\right], 即 [4.91, 5.89].$$

注意   此时,该区间已不再是随机区间了,可称它为置信度为 0.95 的置信区间,其含义是指"该区间包含 μ"这一陈述的可信程度为 95%. 若写成 $P\{4.91 \leqslant \mu \leqslant 5.89\} = 0.95$ 是错误的,因为此时该区间要么包含 μ,要么不包含 μ.

通过上述例子,可以得到寻求未知参数 θ 的置信区间的一般步骤为:

(1) 寻求一个样本 $(X_1, X_2, \cdots, X_n)$ 的函数 $W(X_1, X_2, \cdots, X_n; \theta)$;它包含待估参数 θ,而不包含其他未知参数,并且 W 的分布已知,且不依赖于任何未知参数. 这一步通常是根据 θ 的点估计及抽样分布得到.

(2) 对于给定的置信度 $1 - \alpha$,定出两个常数 a, b,使 $P\{a \leqslant W \leqslant b\} = 1 - \alpha$. 这一步通常由抽样分布的分位数定义得到.

(3) 从 $a \leqslant W \leqslant b$ 中得到等价不等式 $\underline{\theta} \leqslant \theta \leqslant \bar{\theta}$,其中:

$\underline{\theta} = \underline{\theta}(X_1, X_2 \cdots, X_n), \bar{\theta} = \bar{\theta}(X_1, X_2 \cdots, X_n)$ 都是统计量,则 $[\underline{\theta}, \bar{\theta}]$ 就是 θ 的一个置信度为 $1 - \alpha$ 的置信区间.

6.2.2　正态总体均值与方差的区间估计

下面就正态总体的期望和方差,给出其置信区间:

1. 单个正态总体期望与方差的区间估计

设总体 $X \sim N(\mu, \sigma^2)$,$X_1, X_2 \cdots, X_n$ 为来自 X 的一个样本,已给定置信度(水平)为 $1 - \alpha$,求 μ 和 σ^2 的置信区间.

(1) 均值 μ 的置信区间

① 当 σ^2 已知时:

由例 1 可得:μ 置信水平为 $1 - \alpha$ 的置信区间为

$$\left[\bar{X} \pm \frac{\sigma}{\sqrt{n}}u_{\frac{\alpha}{2}}\right]. \tag{6.5}$$

事实上,不论 X 服从什么分布,只要 $E(X) = \mu, D(X) = \sigma^2$,当样本容量足够大时,根据中心极限定理,就可以得到的置信水平为 $1-\alpha$ 的置信区间为(6.5)式.

更进一步地,无论 X 服从何分布,只要样本容量充分大,即使总体方差未知时,也可以用 S^2 来代替,此时,(6.5)式仍然可以作为 $E(X)$ 的近似置信区间,一般的,当 $n \geqslant 50$ 时,就满足要求.

② 当 σ^2 未知时:

由 6.1 知:S^2 是 σ^2 的最小方差无偏估计,根据抽样分布,有

$$T = \frac{\overline{X} - \mu}{\dfrac{S}{\sqrt{n}}} \sim t(n-1).$$

由自由度为 $n-1$ 的 t 分布的分位数的定义有

$$P\{\,|\,t\,| \leqslant t_{\frac{\alpha}{2}}(n-1)\} = 1-\alpha,$$

即

$$P\left\{\overline{X} - \frac{S}{\sqrt{n}} t_{\frac{\alpha}{2}}(n-1) \leqslant \mu \leqslant \overline{X} + \frac{S}{\sqrt{n}} t_{\frac{\alpha}{2}}(n-1)\right\} = 1-\alpha.$$

所以 μ 的置信度为 $1-\alpha$ 的置信区间为

$$\left[\overline{X} \pm \frac{S}{\sqrt{n}} t_{\frac{\alpha}{2}}(n-1)\right].$$

【例 2】　某高校男生身高 $X \sim N(\mu, \sigma^2)$,随机测量 16 人的身高得 $\overline{x} = 173 \text{ cm}$,$S^2 = 36$,$\sigma^2$ 未知,求 μ 的置信度为 0.95 的置信区间.

解　$n = 16, \overline{x} = 173 \text{ cm}, S^2 = 36, 1-\alpha = 0.95, \alpha = 0.05, t_{0.025}(15) = 2.1315$,$\mu$ 的置信度为 0.95 的置信区间

$$\left[\overline{x} \pm \frac{S}{\sqrt{n}} t_{\frac{\alpha}{2}}(n-1)\right] = \left[173 \pm \frac{6}{\sqrt{16}} \times 2.1315\right] = [169.8, 176.2]$$

(2) 方差 σ^2 的置信区间

① μ 已知时:

由抽样分布知

$$\chi^2 = \sum_{i=1}^{n} \frac{(X_i - \mu)^2}{\sigma^2} \sim \chi^2(n),$$

据 $\chi^2(n)$ 分布分位数的定义,有

$$P\{\chi^2 \leqslant \chi^2_{1-\frac{\alpha}{2}}(n)\} = \frac{\alpha}{2}; P\{\chi^2 \geqslant \chi^2_{\frac{\alpha}{2}}(n)\} = \frac{\alpha}{2},$$

所以　　　　　　$P\{\chi^2_{1-\frac{\alpha}{2}}(n) \leqslant \chi^2 \leqslant \chi^2_{\frac{\alpha}{2}}(n)\} = 1-\alpha,$

从而

$$P\left\{\frac{\sum_{i=1}^{n}(X_i - \mu)^2}{\chi^2_{\frac{\alpha}{2}}(n)} \leqslant \sigma^2 \leqslant \frac{\sum_{i=1}^{n}(X_i - \mu)^2}{\chi^2_{1-\frac{\alpha}{2}}(n)}\right\} = 1-\alpha.$$

故 σ^2 的置信度为 $1-\alpha$ 的置信区间为

$$\left[\frac{\sum\limits_{i=1}^{n}(X_i-\mu)^2}{\chi^2_{\frac{\alpha}{2}}(n)}, \frac{\sum\limits_{i=1}^{n}(X_i-\mu)^2}{x^2_{1-\frac{\alpha}{2}}(n)}\right].$$

②μ 未知时:

由第一节知:$\overline{X}$ 即是 μ 的最小方差无偏估计,又是有效估计,所以用 $\overline{X}$ 代替 μ,据抽样分布有

$$\frac{(n-1)S^2}{\sigma^2} = \frac{\sum\limits_{i=1}^{n}(X_i-\overline{X})^2}{\sigma^2} \sim \chi^2(n-1)$$

采用与 ① 同样的方法:可以得到 σ^2 的一个置信度为 $1-\alpha$ 的置信区间为

$$\left[\frac{(n-1)S^2}{\chi^2_{\frac{\alpha}{2}}(n-1)}, \frac{(n-1)S^2}{\chi^2_{1-\frac{\alpha}{2}}(n-1)}\right] \text{或} \left[\frac{\sum\limits_{i=1}^{n}(X_i-\overline{X})^2}{\chi^2_{\frac{\alpha}{2}}(n-1)}, \frac{\sum\limits_{i=1}^{n}(X_i-\overline{X})^2}{\chi^2_{1-\frac{\alpha}{2}}(n-1)}\right].$$

进一步还可以得到 σ 的置信度为 $1-\alpha$ 的置信区间为

$$\left[\frac{\sqrt{n-1}S}{\sqrt{\chi^2_{\frac{\alpha}{2}}(n-1)}}, \frac{\sqrt{n-1}S}{\sqrt{\chi^2_{1-\frac{\alpha}{2}}(n-1)}}\right].$$

【例3】 食堂某师傅的打饭量 $X \sim N(\mu,\sigma^2)$,随机测量9次打饭量(单位:两):

4, 4.1, 4.2, 3.9, 3.9, 3.9, 4, 3.8, 3.9,

求 μ,σ^2 的置信度为 0.95 的置信区间

解 $n=9$, $\overline{x}=3.967$, $S^2=0.015$, $1-\alpha=0.95$, $\alpha=0.05$.

查表得 $t_{0.025}(8)=2.305$, $\chi^2_{0.975}(8)=2.18$, $\chi^2_{0.025}(8)=17.535$,

μ 的置信度为 0.95 的置信区间为

$$\left[\overline{x} \pm \frac{S}{\sqrt{n}}t_{\frac{\alpha}{2}}(n-1)\right] = [3.873, 4.061],$$

σ^2 的置信度为 0.95 的置信区间为

$$\left[\frac{(n-1)S^2}{\chi^2_{\frac{\alpha}{2}}(n-1)}, \frac{(n-1)S^2}{\chi^2_{1-\frac{\alpha}{2}}(n-1)}\right] = [0.0068, 0.055].$$

注意 当分布不对称时,如 χ^2 分布和 F 分布,习惯上仍然取其对称的分位点,来确定置信区间,但所得区间不是最短的.

2. 两个正态总体的情形

在实际中常遇到下面的问题:已知产品的某一质量指标服从正态分布,但由于原料、设备条件、操作人员不同,或工艺过程的改变等因素,引起总体均值、总体方差有所改变,我们需要知道这些变化有多大,这就需要考虑两个正态总体均值差或

方差比的估计问题.

设总体 $X \sim N(\mu_1, \sigma_1^2), Y \sim N(\mu_2, \sigma_2^2)$，且 X 与 Y 相互独立，$(X_1, X_2, \cdots, X_m)$ 为来自 X 的一个样本，$(Y_1, Y_2, \cdots, Y_n)$ 为来自 Y 的一个样本. 设 $\overline{X}, \overline{Y}, S_1^2, S_2^2$ 分别为总体 X 与 Y 的样本均值与样本方差，对给定置信水平为 $1-\alpha$，求：

(1) $\mu_1 - \mu_2$ 的置信区间

① 当 σ_1^2, σ_2^2 已知时，由抽样分布可知

$$U = \frac{(\overline{X} - \overline{Y}) - (\mu_1 - \mu_2)}{\sqrt{\dfrac{\sigma_1^2}{m} + \dfrac{\sigma_2^2}{n}}} \sim N(0, 1),$$

所以可以得到 $\mu_1 - \mu_2$ 的置信水平为 $1-\alpha$ 的置信区间为

$$\left[(\overline{X} - \overline{Y}) \pm u_{\frac{\alpha}{2}} \cdot \sqrt{\frac{\sigma_1^2}{m} + \frac{\sigma_2^2}{n}} \right].$$

② 当 σ_1^2, σ_2^2 未知时，但 m, n 均较大（大于 50），可用 S_1^2 和 S_2^2 分别代替 ① 中的 σ_1^2，σ_2^2，则可得 $(\mu_1 - \mu_2)$ 的置信水平为 $1-\alpha$ 的近似置信区间为

$$\left[(\overline{X} - \overline{Y}) \pm u_{\frac{\alpha}{2}} \cdot \sqrt{\frac{S_1^2}{m} + \frac{S_2^2}{n}} \right].$$

③ 当 $\sigma_1^2 = \sigma_2^2 = \sigma^2$，且 σ^2 未知时，由抽样分布可知：若令

$$S^{*2} = \frac{(m-1)S_1^2 + (n-1)S_2^2}{m+n-2},$$

则

$$T = \frac{(\overline{X} - \overline{Y}) - (\mu_1 - \mu_2)}{\sqrt{\dfrac{1}{m} + \dfrac{1}{n}} \cdot S^*} \sim t(m+n-2).$$

由 t 分布分位数的定义有

$$P\{ |T| \leqslant t_{\frac{\alpha}{2}}(m+n-2) \} = 1-\alpha,$$

从而可得：$\mu_1 - \mu_2$ 的可信度为 $1-\alpha$ 的置信区间为

$$\left[(\overline{X} - \overline{Y}) \pm t_{\frac{\alpha}{2}}(m+n-2) \cdot S^* \cdot \sqrt{\frac{1}{m} + \frac{1}{n}} \right].$$

【例 4】　为比较 Ⅰ，Ⅱ 两种型号步枪子弹的枪口速度，随机地取 Ⅰ 型子弹 10 发，得到枪口平均速度为 $\overline{x}_1 = 500$ m/s，标准差 $S_1 = 1.10$ m/s，取 Ⅱ 型子弹 20 发，得到枪口平均速度为 $\overline{x}_2 = 496$ m/s，标准差 $S_2 = 1.20$ m/s，假设两总体都可认为近似地服从正态分布，且由生产过程可认为它们的方差相等，求两总体均值差 $\mu_1 - \mu_2$ 的置信度为 0.95 的置信区间.

解　由题设，两总体的方差相等，却未知，所以属于情况 ③.
由于 $1-\alpha = 0.95, \alpha/2 = 0.025, m = 10, n = 20, m+n-2 = 28$，

$$t_{0.075}(28) = 2.0484, \quad S^{*2} = \frac{9 \times 1.1^2 + 19 \times 1.2^2}{28},$$

所以 $$S^* = \sqrt{S^{*2}} = 1.1688,$$

故所求置信区间为

$$\left[(\overline{x}_1 \quad \overline{x}_2) \pm S^* \cdot t_{0.975}(28) \cdot \sqrt{\frac{1}{10} + \frac{1}{20}}\right] = [4 \pm 0.93],$$

即 $$[3.07, 4.93].$$

在该题中所得下限大于 0，在实际中，认为 μ_1 比 μ_2 大，相反，若下限小于 0，则认为 μ_1 与 μ_2 没有显著的差别.

(2) $\dfrac{\sigma_1^2}{\sigma_2^2}$ 的置信区间（μ_1, μ_2 均未知）

根据抽样分布知：$F = \dfrac{S_1^2/\sigma_1^2}{S_2^2/\sigma_2^2} \sim F(m-1, n-1)$，由 F 分布的分位数定义及其特点：

$$P\{F_{1-\frac{\alpha}{2}}(m-1, n-1) < F < F_{\frac{\alpha}{2}}(m-1, n-1)\} = 1-\alpha,$$

可得 $\dfrac{\sigma_1^2}{\sigma_2^2}$ 的置信水平为 $1-\alpha$ 的置信区间为：

$$\left[\frac{S_1^2/S_2^2}{F_{\frac{\alpha}{2}}(m-1, n-1)}, \frac{S_1^2/S_2^2}{F_{1-\frac{\alpha}{2}}(m-1, n-1)}\right].$$

习　题　6

1. 若一个样本的观察值为 $0, 0, 1, 1, 0, 1$，求总体均值的矩估计值，总体方差的矩估计值.

2. 设总体 X 的概率分布为

X	1	2	3
P	θ^2	$2\theta(1-\theta)$	$(1-\theta)^2$

其中 θ 为未知参数. 现抽得一个样本 $x_1 = 1, x_2 = 2, x_3 = 1$，求 θ 的矩估计值.

3. 设 X 表示某种型号的电子元件的寿命（以 h 计），它服从指数分布：

$$X \sim f(x, \theta) = \begin{cases} \dfrac{1}{\theta} e^{-x/\theta} & \text{当 } x > 0 \\ 0 & \text{当 } x \leqslant 0 \end{cases}.$$

θ 为未知参数，$\theta > 0$. 现得样本值为

$$168, \quad 130, \quad 169, \quad 143, \quad 174, \quad 198, \quad 108, \quad 212, \quad 252.$$

试用矩估计和极大似然估计估计未知参数 θ，并分别判断两种方法得到的 $\hat{\theta}$ 是否为 θ 的无偏估计.

4. 设总体 X 的概率密度为 $f(x) = \begin{cases} (\theta+1)x^\theta & 当\ 0 < x < 1 \\ 0 & 其他 \end{cases}$，其中 $\theta > -1$ 是未知参数，$x_1, x_2, \cdots, x_n$ 是来自总体 X 的一个容量为 n 的简单随机样本，分别用矩估计法和极大似然法求 θ 的估计量.

5. 设总体 $X \sim N(0, \sigma^2)$. $x_1, x_2, \cdots, x_n$ 是来自这一总体的样本.

(1) 证明 $\hat{\sigma}^2 = \dfrac{1}{n} \sum_{i=1}^{n} x_i^2$ 是 σ^2 的无偏估计；

(2) 求 $D(\hat{\sigma}^2)$.

6. 设 $X_1, X_2, \cdots, X_n$ 为来自总体 X 的样本，$\overline{X}, X_i (i = 1, 2, \cdots, n)$ 均为总体均值 $E(X) = \mu$ 的无偏估计量，问哪一个估计量有效？

7. 某旅行社为调查当地一旅游者的平均消费额，随机访问了 100 名旅游者，得知平均消费额 $\overline{x} = 80$ 元. 根据经验，已知旅游者消费服从正态分布，且标准差 $\sigma = 12$ 元，求该地旅游者平均消费额 μ 的置信度为 95% 的置信区间.

8. 有一大批糖果. 现从中随机地取 10 袋，称得重量(以 g 计)如下：

    482 493 457 510 446 435 418 394 469 471

设袋装糖果的重量近似地服从正态分布，试求总体均值 μ 的置信水平为 0.95 的置信区间.

9. A, B 两个地区种植同一型号的小麦. 现抽取了 10 块面积相同的麦田，其中 4 块属于地区 A，另外 6 块属于地区 B，测得它们的小麦产量(以 kg 计)分别如下：

地区 A：96.6 88.9 87.5 93.8;

地区 B：93.8 95.7 94.5 98 91 93.8.

设地区 A 的小麦产量 $X \sim N(\mu_1, \sigma^2)$，地区 B 的小麦产量 $Y \sim N(\mu_2, \sigma^2)$，$\mu_1$，$\mu_2, \sigma^2$ 均未知. 试求这两个地区小麦的平均产量之差 $\mu_1 - \mu_2$ 的置信度为 95% 的置信区间.

第7章

假 设 检 验

统计推断有两个主要部分,一种是用样本统计量来推断总体参数(第6章);另一种是假设检验.假设检验又可分为两类:一类是总体分布形式完全未知,由样本判断总体是否服从某一分布;另一类是在总体分布形式已知,但含有未知参数,由样本对未知参数的某种假设做出判断,要做出判断首先需要提出关于总体的某种假设称为**统计假设**;然后由样本观测值对所提出的假设做出判断,是接受还是拒绝,这一过程被称为**假设检验**.

7.1 假设检验的基本思想和方法

前一章我们讲了如何根据子样去得到母体分布所含参数的优良估计,以此得到的估计值必须要和母体参数的真实值作比较,考察它们之间是否在统计意义上相吻合.显然,这种比较也只能在子样的基础上进行.如何在子样基础上作出有较大把握的结论就是统计假设检验问题.实际上很多问题都可以用统计假设检验问题予以解决.我们用一个例子来说明.

7.1.1 问题的提出

引例 某药厂生产一种口服液,每瓶标准容量为50 mL,实际容量服从正态分布 $N(\mu,\sigma^2)$,其中,已知 $\sigma = 1.2$ ml,从某日生产的口服液中任取9瓶,净含量如下:

  49.5, 49.4, 50.1, 50.4, 49.3, 49.9, 49.8, 50.0, 50.5

问该日打包机器工作是否正常?

解 设 X 为每瓶口服液的容量,则打包机工作正常指标 $X \sim N(50,1.2^2)$,若 X 不服从 $N(50,1.2^2)$,则机器工作不正常,那么,如何利用已得的样本观测值来判断总体均值 μ 是否为 $\mu_0 = 50$ mL?为此,先提出假设 $H_0:\mu = \mu_0 = 50$ mL,称它为**原假设**,它的对立假设 $H_1:\mu \neq \mu_0$ 称为**备择假设**,问题转化为根据样本观测值判断 H_0 是否为真,当 H_0 为真时,即认为机器工作正常.

至于在两个假设中用哪一个作为原假设,哪一个作为备择假设,要看具体的目的和要求而定.假如我们的目的是希望从样本观测值对某一陈述取得强有力的支持,一般把这一陈述的否定作为原假设;有时,原假设的选定还要考虑到数学上的处理方便.

在许多问题中,母体分布的类型为已知,仅是一个或几个参数为未知,只要对这一个或几个未知参数的值作出假设,就可完全确定母体的分布.这种仅涉及母体分布的未知参数的统计假设称为**参数假设**,如上例中就是只对参数 μ 作出假设.如果在一个假设检验问题中,只对一个原假设进行检验称为**显著性检验**.有些实际问题中,我们不知道母体分布的具体类型.如某种作物的农药残留量,它可能服从正态分布,也可能服从其他的分布.因此,统计假设只能对未知分布函数的类型或者它的某些特征提出某种假设,这种不同于参数假设的统计假设称为非参数假设.

7.1.2 假设检验的基本思想和方法

假设检验的基本思想是依据实际推断原理,即概率很小的事件在一次试验中几乎不可能发生,而在一次试验中小概率事件如果发生了,那么,我们就有理由怀疑假设的正确性.

我们的检验法则是什么呢?显然,它应该是以定义在样本空间上的一个函数为依据所构成的一个准则,一旦样本观测值$(x_1,\cdots,x_n)$确定后,我们就可根据这一准则作出判断:拒绝 H_0 还是接受 H_0. 所以我们的检验法则本质上就是把样本空间 X 划分成两个互不相交的子集 W 和 W^*,使得当子样$(X_1,\cdots,X_n)$的观测值$(x_1,\cdots,x_n)\in W$,我们将拒绝原假设 H_0(即接受备择假设 H_1);若$(x_1,\cdots,x_n)\in W^*$,我们将接受原假设 H_0(即拒绝备择假设 H_1),这样的划分构成一个准则,我们称这个样本空间的子集 W 为检验 H_0 的**拒绝域**.

那么如何找到这样一个函数或准则呢?

回到引例,由前所学样本均值$\overline{X}=\dfrac{1}{n}\sum\limits_{i=1}^{n}X_i$是总体均值 $\mu=EX$ 的无偏估计量,故当 H_0 为真时,样本均值的观测值 $\overline{x}$ 和 μ_0 偏差 $|\overline{x}-\mu_0|$ 不应太大,当 $|\overline{x}-\mu_0|$ 过大时,我们应该怀疑 H_0 是不正确的,从而拒绝 H_0. 那么,如何确定偏差 $|\overline{x}-\mu_0|$ 是否过大呢?这个界限如何确定呢?

由前所学,H_0 为真时,$\overline{X}\sim N(\mu_0,\dfrac{\sigma^2}{n})$,在给定 n 和 σ 时,我们可以借助分布已知的统计量 $U=\dfrac{\overline{X}-\mu_0}{\sigma/\sqrt{n}}\sim N(0,1)$ 来体现 $|\overline{x}-\mu_0|$ 的偏差程度.

对给定的小概率 $\alpha(0<\alpha<1)$,一般给定为 $0.1,0.05,0.001$ 等,构造小概率事件

$$P\{|U|\geqslant u_{\frac{\alpha}{2}}\}=\alpha,$$

由标准正态分布表,可以确定 $u_{\frac{\alpha}{2}}$ 的值.把样本观测值代入 $|U| = \dfrac{|\bar{x} - \mu_0|}{\sigma/\sqrt{n}}$,若 $|U| \geqslant u_{\frac{\alpha}{2}}$,即,认为小概率事件发生了,而由实际推断原理,小概率事件在一次抽样(试验)中几乎不可能发生,而现在居然发生了,此时,我们有理由认为原假设 H_0 不真,即可以认为 $|U|$ 或 $|\bar{x} - \mu_0|$ 过大,拒绝 H_0.这样就得到了确定 $|\bar{x} - \mu_0|$ 偏差程度的一个界限 $u_{\frac{\alpha}{2}}$,从而得到了假设检验的拒绝域 $W = \{|U| \geqslant u_{\frac{\alpha}{2}}\}$.反之,若代入样本观测值,没有落到拒绝域中,就接受原假设 H_0.

引例中,由数据可得:$\bar{x} = 49.88$,若取 $\alpha = 0.05$,由正态分布表 $u_{\frac{\alpha}{2}} = u_{0.025} = 1.96$,所以拒绝域为

$$W = \{|U| \geqslant 1.96\},$$

代入样本观测值

$$|U| = \left|\frac{\bar{x} - \mu_0}{\sigma/\sqrt{n}}\right| = \left|\frac{49.88 - 50}{1.2/\sqrt{9}}\right| = 0.3 < 1.96,$$

U 值没有落入拒绝域中,故接受 H_0.即认为打包机工作正常.

7.1.3 两类错误

由以上讨论可以看出,假设检验的方法类似于反证法.首先假设 H_0 成立,若推出矛盾,则否定 H_0.但又不同于反证法,由于它所推出的矛盾并不是形式逻辑下的绝对矛盾,而是基于实际推断原理(认为小概率事件在一次试验中几乎不可能发生).人们对假设 H_0 做出判断的依据是一次试验中看小概率事件 A 是否发生,而看 A 是否发生又是以一次抽样的结果来判断.由于抽样的随机性,检验有可能发生两类错误.

第一类错误是**弃真错误**,即 H_0 为真,但却由抽样结果拒绝了 H_0,由上述过程可知概率为 α,即 $P\{$拒绝 $H_0 \mid H_0$ 为真$\} = \alpha$.第二类错误为**取伪错误**,即 H_0 不真,但却由样本结果接受了 H_0,$P\{$接受 $H_0 \mid H_0$ 不真$\} = \beta$.在样本容量 n 一定时,减小 α,则 β 增大;减小 β,则 α 增大,二者不可兼顾.要想让二者都减小,只能通过增大样本容量 n 的方法,这样就要增加检验的成本.考虑到原假设的提出是有一定依据的,对它要加以保护,拒绝要慎重的,所以通常控制犯第一类错误的概率 α,使犯第一类错误的概率不超过 α,称 α 为**显著性水平**.

7.2 单个正态总体参数的假设检验

对假设检验问题,一般情况下,我们总是假定总体服从正态分布,这和区间估计的情形是一致的.本节介绍单个正态总体对均值和方差的检验问题.设 $X \sim N(\mu, \sigma^2)$,$X_1, X_2, \cdots, X_n$ 是取自于总体容量为 n 的样本,$\overline{X}$ 和 S^2 为样本均值和样本方差.

7.2.1　对总体均值 μ 的假设检验

1.U 检验

当方差 σ^2 已知时,对 μ 的假设检验. 现检验假设 $H_0: \mu = \mu_0$(μ_0 为已知常数). 由对引例的讨论,可选择 U 统计量 $U = \dfrac{\overline{X} - \mu_0}{\sigma/\sqrt{n}} \sim N(0,1)$. 当 H_0 成立时,$|\overline{x} - \mu_0|$ 不应太大;若 H_0 不成立时,则 $|\overline{x} - \mu_0|$ 太大,即 $|U|$ 太大. 那么 $|U|$ 大到什么程度才有足够的理由拒绝 H_0 呢?对给定的显著性水平 $\alpha(0 < \alpha < 1)$,由

$$P\{|U| \geqslant u_{\frac{\alpha}{2}}\} = \alpha,$$

通过查表确定 $u_{\frac{\alpha}{2}}$ 为确定 U 大小的临界值,即 $|U| \geqslant u_{\frac{\alpha}{2}}$ 时,否定 H_0,称 $W = \{|U| \geqslant u_{\frac{\alpha}{2}}\}$ 为 H_0 的**拒绝域**;否则接受 H_0,称 $W^* = \{|U| \leqslant u_{\frac{\alpha}{2}}\}$ 为 H_0 的**接受域**.

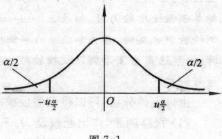

图 7-1

在以上的假设检验问题中,在构造小概率事件时利用了统计量 U 的密度函数曲线两侧尾部的面积,如图 7-1,称为**双侧检验**.

在实际应用中,σ 已知时,我们有时候需要检验

$$H_0: \mu \leqslant \mu_0; \quad H_1: \mu > \mu_0.$$

如某工厂采用新设备后,生产效率是否比以前有显著性提高(采用新设备后人们当然期望效率有提高,注意此时原假设与备择假设的设法). 此时,应选取 $U = \dfrac{\overline{X} - \mu}{\sigma/\sqrt{n}} \sim N(0,1)$. 在给定显著性水平 α 时,构造小概率事件 $P\{U \geqslant u_\alpha\} = \alpha$,通过查表确定拒绝域 $W = \{U \geqslant u_\alpha\}$. 代入样本观测值 $\overline{x}$,看样本是否落入拒绝域中,再做出拒绝还是接受 H_0 的选择,这种检验称为**右边检验**.

类似地,还可以检验

$$H_0: \mu \geqslant \mu_0; \quad H_1: \mu < \mu_0.$$

相对应得到的拒绝域 $W = \{U \leqslant -u_\alpha\}$,这种检验称为**左边检验**.

在右边检验和左边检验中,构造小概率事件时,统计量 U 的密度函数曲线单侧尾部的面积,如图 7-2,称为**单侧检验**.

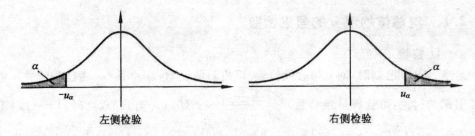

左侧检验　　　　　　　　　　　　　右侧检验

图 7-2

注意　在单侧假设检验中,我们是选左侧单侧假设检验,还是选右侧单侧假设检验?根据经验,在均值 μ 的假设检验中,先计算样本均值 $\bar{x}$,如果 $\bar{x} < \mu_0$,选用左侧单侧假设检验为好.如果 $\bar{x} > \mu_0$,选用右侧单侧假设检验为好.在其他问题的单侧检验中也类似,若作参数 θ 的单侧检验,当由样本算得 θ 的估计值 $\hat{\theta}$ 满足 $\hat{\theta} < \theta_0$ 时,一般选用左侧单侧假设检验好一些;如果 $\hat{\theta} > \theta_0$ 时,一般选用右侧单侧假设检验好一些.

由以上的分析,可以得到假设检验的步骤:

(1) 根据题意,作出原假设 H_0 和备择假设 H_1,列出已知条件;

(2) 选取合适的分布类型已知的统计量;

(3) 在显著性水平 α 下,查表确定拒绝域 W;

(4) 代入样本观测值 $\bar{x}$,作出拒绝还是接受 H_0 的检验.

【例 1】　某厂生产一种产品,原来月产量 X 服从均值 $\mu = 75$,方差 $\sigma^2 = 14$ 的正态分布.设备更新后,为考察产量是否提高,抽查了 6 个月的产量,求得平均产量为 78.假定方差不变.问在显著性水平 $\alpha = 0.05$ 下,设备更新后月产量是否有显著性提高?

解　设:$H_0 : \mu \leqslant \mu_0 = 75$;　　　$H_1 : \mu > 75$.

已知 $\alpha = 0.05, n = 6, \sigma^2 = 14$.

选取统计量

$$U = \frac{\overline{X} - \mu_0}{\sigma/\sqrt{n}} \sim N(0,1).$$

在显著性水平 $\alpha = 0.05$ 下,查表确定拒绝域

$$W = \{U \geqslant u_\alpha\} = \{U \geqslant 1.645\}.$$

代入样本观测值

$$U = \frac{\bar{x} - \mu_0}{\sigma/\sqrt{n}} = \frac{78 - 75}{\frac{\sqrt{14}}{\sqrt{6}}} = 1.964 > 1.645,$$

故拒绝 H_0，接受 H_1. 即认为设备更新后，月产量较以前有显著性提高.

2. t-检验

当总体方差 σ^2 未知时，对原假设 $H_0 : \mu = \mu_0$，备择假设 $H_1 : \mu \neq \mu_0$ 的检验. 选取统计量

$$t = \frac{\overline{X} - \mu_0}{S/\sqrt{n}} \sim t(n-1).$$

当 H_0 成立时，$|\overline{X} - \mu_0|$ 不应太大；若 H_0 不成立时，则 $|\overline{X} - \mu_0|$ 太大，即 $|t|$ 太大. 那么 $|t|$ 大到什么程度才有足够的理由拒绝 H_0 呢？如何确定临界值呢？对给定的显著性水平 α，利用 t 随机变量的密度函数的图象，构造小概率事件（见图 7-3）.

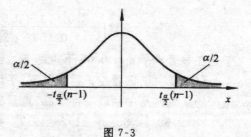

图 7-3

有　　$P\{|t| \geqslant t_{\frac{\alpha}{2}}(n-1)\} = \alpha$

通过查表确定 $t_{\frac{\alpha}{2}}(n-1)$ 值. 当把样本观测值 $\overline{x}$ 代入，求得 $|t| \geqslant t_{\frac{\alpha}{2}}(n-1)$ 时，即小概率事件发生，根据小概率事件原理，此时我们有理由怀疑 H_0 的正确性，此时，否定 H_0，否则接受 H_0. 因此 $W = \{|t| \geqslant t_{\frac{\alpha}{2}}(n-1)\}$ 为 H_0 的拒绝域. 这种检验方法称为 t-检验法.

类似的，我们可以得到单侧检验的拒绝域：

右边检验的拒绝域：

$$W = \{t \geqslant t_\alpha(n-1)\},$$

左边检验的拒绝域：

$$W = \{t \leqslant -t_\alpha(n-1)\}.$$

【**例 2**】　一个矩形的宽与长之比为 0.618 会给人们一个美好的感觉. 某厂生产的矩形工艺品，其框架的宽与长之比 X 服从正态分布 $N(\mu, \sigma^2)$，$\mu, \sigma^2(>0)$ 均未知.

现随机抽取 20 个产品测量其比值为 $x_1, x_2, \cdots, x_{20}$，经过计算得 $\sum\limits_{i=1}^{20} x_i = 13.466$，

$\sum\limits_{i=1}^{20} x_i^2 = 9.267$. 能否认为 X 的均值 μ 为 0.618？$(\alpha = 0.05)$

解　提出假设 $H_0 : \mu = \mu_0 = 0.618$；　$H_1 : \mu \neq \mu_0 = 0.618$.

选取检验统计量 $t = \dfrac{\overline{X} - \mu_0}{S/\sqrt{n}} \sim t(n-1)$.

对给定的 α，由 t 分布表可得 H_0 的拒绝域为

$$W = \left\{ \frac{|\overline{X} - \mu_0|}{S/\sqrt{n}} \geqslant t_{\frac{\alpha}{2}}(n-1) = t_{0.025}(19) = 2.093 \right\}.$$

代入样本观测值得

$$\overline{x} = \frac{1}{20} \sum_{i=1}^{20} x_i = 0.673,$$

$$S^2 = \frac{1}{n-1} \left(\sum_{i=1}^{20} x_i^2 - n\overline{x}^2 \right) = \frac{1}{19}(9.267 - 20 \times 0.673^2) = 0.011, S = 0.105,$$

$$|t| = \frac{|0.673 - 0.618|}{0.105/\sqrt{20}} = 2.343 > 2.093.$$

于是在显著水平 $\alpha = 0.05$ 下拒绝 H_0,认为 $\mu \neq \mu_0 = 0.618$.

【例3】 某机器在正常情况下,平均每件产品重量应为 50 kg,现在从该机器生产的某批产品中抽取 9 件产品,重量分别为:(单位:kg)

$$52.1 \quad 50.5 \quad 51.2 \quad 49.7 \quad 49.5 \quad 50.5 \quad 58.7 \quad 50.5 \quad 48.3$$

问该批产品质量是否正常?($\alpha = 0.05$)

解 设 $H_0 : \mu = \mu_0 = 50; H_1 : \mu \neq 50.$

$\alpha = 0.05, n = 9,$计算可得:$\overline{x} = 51.22, s = 3.002.$

选取统计量

$$t = \frac{\overline{X} - \mu_0}{S/\sqrt{n}} \sim t(n-1).$$

在显著性水平 $\alpha = 0.05$ 下,查表确定拒绝域

$$W = \{ |t| \geqslant t_{0.025}(8) = 2.306 \},$$

代入样本观测值得

$$|t| = \left| \frac{\overline{x} - \mu_0}{S/\sqrt{n}} \right| = \left| \frac{51.22 - 50}{\frac{3.002}{\sqrt{9}}} \right| = 1.219 < 2.036.$$

故接受 H_0,即该批产品质量正常.

7.2.2 对总体方差 σ^2 的假设检验—χ^2 检验

假设总体 $X \sim N(\mu, \sigma^2)$,$X_1, X_2, \cdots, X_n$ 是取自于总体容量为 n 的样本. 在给定显著性水平 α 下,要求进行原假设 $H_0 : \sigma^2 = \sigma_0^2$,备择假设 $H_1 : \sigma^2 \neq \sigma_0^2$ 的检验. 由前面的学习可知,S^2 是 σ^2 的无偏估计量,因此,H_0 成立时,$\frac{S^2}{\sigma_0^2}$ 应在 1 附近波动,即不过分大于 1,也不过分小于 1;H_0 不成立时,$\frac{S^2}{\sigma_0^2}$ 比 1 比较大或比较小. 由抽样分布原理知道,统计量 $\frac{(n-1)S^2}{\sigma_0^2} \sim \chi^2(n-1)$,那我们可以用 $\frac{(n-1)S^2}{\sigma_0^2}$ 来体现 $\frac{S^2}{\sigma_0^2}$ 的大小,

那么，$\dfrac{(n-1)S^2}{\sigma_0^2}$ 在什么范围内可以认为 $\dfrac{S^2}{\sigma_0^2}$ 是比 1 不过分大也不过分小呢？这个临界值应如何确定？

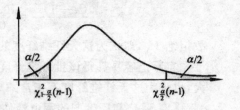

图 7-4

对于给定的显著性水平 α，借助于 χ^2 统计量的密度函数曲线图象，按图 7-4 构造小概率事件

有 $$P\left\{\dfrac{(n-1)S^2}{\sigma_0^2} \geqslant \chi_{\frac{\alpha}{2}}^2(n-1) \bigcup \dfrac{(n-1)S^2}{\sigma_0^2} \leqslant \chi_{1-\frac{\alpha}{2}}^2(n-1)\right\}=\alpha,$$

可得到两个临界值 $\chi_{\frac{\alpha}{2}}^2(n-1)$ 和 $\chi_{1-\frac{\alpha}{2}}^2(n-1)$.

所以，得到 χ^2 检验的拒绝域：

$$W=\left\{\dfrac{(n-1)S^2}{\sigma_0^2} \geqslant \chi_{\frac{\alpha}{2}}^2(n-1)\right\} \bigcup \left\{\dfrac{(n-1)S^2}{\sigma_0^2} \leqslant \chi_{1-\frac{\alpha}{2}}^2(n-1)\right\},$$

类似地，可以得到单侧检验的拒绝域

右边检验：

$$W=\left\{\dfrac{(n-1)S^2}{\sigma_0^2} \geqslant \chi_{\alpha}^2(n-1)\right\},$$

左边检验：

$$W=\left\{\dfrac{(n-1)S^2}{\sigma_0^2} \leqslant \chi_{1-\alpha}^2(n-1)\right\}.$$

【例 4】 某厂生产的某种纤维的纤度 X 正常条件下服从 $N(1.405,0.048^2)$. 某日抽取 5 根纤维，测得纤度分别为：

$$1.32 \quad 1.55 \quad 1.36 \quad 1.40 \quad 1.44$$

问这一日纤度的总体标准差是否正常？（$\alpha=0.1$）

解 设 $H_0:\sigma^2=\sigma_0^2=0.048^2$；$H_1:\sigma^2 \neq \sigma_0^2$.
$\alpha=0.1,n=5$，由计算可得：$\bar{x}=1.414,(n-1)S^2=0.03112$.
选取统计量

$$\dfrac{(n-1)S^2}{\sigma_0^2} \sim \chi^2(n-1),$$

在显著性水平 $\alpha=0.1$ 下，查表确定临界值

$$\chi_{\frac{\alpha}{2}}^2(n-1)=\chi_{0.05}^2(4)=9.488 \text{ 和 } \chi_{1-\frac{\alpha}{2}}^2(n-1)=\chi_{0.95}^2(4)=0.711.$$

所以，拒绝域为

$$W=\left\{\dfrac{(n-1)S^2}{\sigma_0^2} \geqslant 9.488\right\} \bigcup \left\{\dfrac{(n-1)S^2}{\sigma_0^2} \leqslant 0.711\right\},$$

代入样本观测值得

$$\frac{(n-1)s^2}{\sigma_0^2} = \frac{0.03112}{0.048^2} = 13.507 > 9.488.$$

故拒绝 H_0,即认为这天纤维纤度的标准差不正常.

实际上容易算得该批纤维纤度的样本标准差 $S = 0.079$,较之 0.048 有明显增大,也认为这天纤维纤度不正常.

【例5】 某厂生产的蓄电池使用寿命 X 服从正态分布 $N(\mu, \sigma^2)$,$\mu, \sigma^2 > 0$ 且未知,该产品说明书上写明其标准差不超过 0.9 年.现随机抽取 10 只,得样本标准差为 1.2 年,在显著水平 $\alpha = 0.05$ 下检验厂方说明书上所写的标准差是否可信?

解 提出原假设备择假设

$$H_0 : \sigma^2 \leqslant \sigma_0^2 = 0.9^2; \quad H_1 : \sigma^2 > 0.9^2.$$

由 χ^2 分布表可得 H_0 的拒绝域为

$$W = \left\{ \frac{(n-1)S^2}{\sigma_0^2} \geqslant \chi_\alpha^2(n-1) = \chi_{0.05}^2(9) = 16.919 \right\},$$

代入样本观测值可得

$$\chi^2 = \frac{(10-1)1.2^2}{0.9^2} = 16 < 16.919.$$

所以接受 H_0,即在显著水平 $\alpha = 0.05$ 下,认为厂方说明书上写的标准差是可信的.

7.3 两个正态总体参数的假设检验

在统计推断中,经常遇到两个正态总体的比较问题,即比较两个总体的参数是否有明显差异.如:两块相同的土地,种着某种作物,在其中一块不施肥,另一块施肥的情况下,两块地的收成是否有明显差异.又例如,甲、乙两台包装机包装白糖,各随机抽取一个样本,算得样本标准差分别为 20 g 和 24 g,问哪台包装机工作更稳定一些?

设总体 $X \sim N(\mu_1, \sigma_1^2)$,$Y \sim N(\mu_2, \sigma_2^2)$,从两个总体中分别抽取样本 $X_1, X_2,$ $\cdots, X_m$ 和样本 $Y_1, Y_2, \cdots, Y_n$ 且相互独立,$\overline{X}, \overline{Y}$ 和 S_1^2, S_2^2 分别为 X 和 Y 样本均值和样本方差.

两个正态总体参数的假设检验,就是比较 μ_1 与 μ_2 之间,σ_1^2 与 σ_2^2 之间的关系.

7.3.1 两个正态总体均值的假设检验

1. σ_1^2, σ_2^2 已知,检验 $H_0 : \mu_1 = \mu_2$,用 U 检验法

由于 $\overline{X} \sim N(\mu_1, \frac{\sigma_1^2}{m})$,$\overline{Y} \sim N(\mu_2, \frac{\sigma_2^2}{n})$,则

$$\overline{X} - \overline{Y} \sim N(\mu_1 - \mu_2, \frac{\sigma_1^2}{m} + \frac{\sigma_2^2}{n}),$$

当 H_0 成立,即 $\mu_1 - \mu_2 = 0$ 时,有

$$\frac{\overline{X} - \overline{Y}}{\sqrt{\dfrac{\sigma_1^2}{m} + \dfrac{\sigma_2^2}{n}}} \sim N(0,1),$$

与单个正态总体的 U 检验类似,可得到 H_0 的拒绝域:

$$W = \left\{ \frac{|\overline{X} - \overline{Y}|}{\sqrt{\dfrac{\sigma_1^2}{m} + \dfrac{\sigma_2^2}{n}}} \geqslant u_{\frac{\alpha}{2}} \right\}.$$

对于大样本情形无论两个总体是否是正态分布,无论总体方差是否已知,均可用 U 检验法. 若总体方差未知,用 S_1^2 代替 σ_1^2,用 S_2^2 代替 σ_2^2.

【例 1】 比较两种棉纱的强度,第一种棉纱取 200 根,得 $\bar{x} = 0.266$,$s_1^2 = 0.109$,第二种棉纱取 100 根,$\bar{y} = 0.288$,$s_2^2 = 0.088$,问这两种棉纱的强度有无明显差异?($\alpha = 0.05$).

解 设 $H_0 : \mu_1 = \mu_2 ; H_1 : \mu_1 \neq \mu_2$,

已知 $m = 200, n = 100, s_1^2 = 0.109, s_2^2 = 0.088$,

选取 U 统计量

$$U = \frac{\overline{X} - \overline{Y}}{\sqrt{\dfrac{S_1^2}{m} + \dfrac{S_2^2}{n}}} \sim N(0,1),$$

在显著性水平 $\alpha = 0.05$ 下,查表确定拒绝域

$$W = \{ |U| \geqslant u_{0.025} = 1.96 \},$$

代入样本观测值

$$|U| = \left| \frac{\bar{x} - \bar{y}}{\sqrt{\dfrac{s_1^2}{m} + \dfrac{s_2^2}{n}}} \right| = \left| \frac{0.266 - 0.288}{\sqrt{\dfrac{0.109^2}{200} + \dfrac{0.088^2}{100}}} \right| = 1.88 < 1.96.$$

故接受 H_0. 即认为这两批棉纱的强度无明显差异.

2. σ_1^2, σ_2^2 未知但已知 $\sigma_1^2 = \sigma_2^2$,检验 $H_0 : \mu_1 = \mu_2$,用 t 检验法

此时,在给定显著性水平 α 下,要检验

$$H_0 : \mu_1 = \mu_2 ; H_1 : \mu_1 \neq \mu_2$$

选取统计量

$$t = \frac{\overline{X} - \overline{Y}}{S_w \sqrt{\dfrac{1}{m} + \dfrac{1}{n}}},$$

其中

$$S_w = \frac{(m-1)S_1^2 + (n-1)S_2^2}{m + n - 2},$$

当 H_0 为真时,$t \sim t(m+n-2)$,所以查表可得拒绝域

$$W = \left\{ \frac{|\bar{x} - \bar{y}|}{S_W \sqrt{\dfrac{1}{m} + \dfrac{1}{n}}} \geqslant t_{\frac{\alpha}{2}}(m+n-2) \right\}.$$

这种情况也可以这样考虑:令 $Z = X - Y$,则 Z 的大小反映了 X 与 Y 的差异程度. 检验原假设 $H_0 : \mu_1 = \mu_2$,相当于对 Z 检验 $H_0 : \mu = \mu_0 = 0$,选取统计量 $t = \dfrac{\bar{Z} - \mu_0}{S / \sqrt{n}} \sim t(n-1)$,就转化为单个正态总体中的 t 检验法,这种方法为**配对检验法**.

【例 2】 某灯泡厂在采用一项新工艺的前后,分别抽取 10 个灯泡进行寿命试验. 计算得到:采用新工艺前灯泡寿命的样本均值为 2460 h,样本标准差为 56 h;采用新工艺后灯泡寿命的样本均值为 2550 h,样本标准差为 48 h. 设灯泡的寿命服从正态分布,问由此是否可以认为采用新工艺后灯泡的平均寿命有显著提高?(取显著性水平 $\alpha = 0.01$,假定采用新工艺前后灯泡寿命的方差不变)

解 设采用新工艺前灯泡寿命为 X,$X \sim N(\mu_x, \sigma_x^2)$,采用新工艺后灯泡寿命为 Y,$Y \sim N(\mu_y, \sigma_y^2)$,这里 σ_x^2 及 σ_y^2 未知.

设 $H_0 : \mu_x = \mu_y$;$H_1 : \mu_x < \mu_y$,

由 σ_x^2 及 σ_y^2 未知,选统计量

$$t = \frac{\bar{X} - \bar{Y}}{\sqrt{\dfrac{(n_x - 1)S_x^2 + (n_y - 1)S_y^2}{n_x + n_y - 2}} \sqrt{\dfrac{1}{n_x} + \dfrac{1}{n_y}}} \sim t(n_x + n_y - 2),$$

对显著性水平 $\alpha = 0.01$,查表得 $t_\alpha(n_x + n_y - 2) = t_{0.01}(18) = 2.5524$. 由 $n_x = n_y = 10$,$\bar{x} = 2460$,$\bar{y} = 2550$,$s_x = 56$,$s_y = 48$,计算得

$$t = \frac{2460 - 2550}{\sqrt{\dfrac{9 \times 56^2 + 9 \times 48^2}{10 + 10 - 2}} \sqrt{\dfrac{1}{10} + \dfrac{1}{10}}}$$

$$= \frac{-90\sqrt{10}}{\sqrt{56^2 + 48^2}} \approx -3.86 < -2.5524 = -t_{0.01}(18).$$

拒绝 H_0. 即采用新工艺后灯泡的平均寿命有显著提高.

【例 3】 为判断两种新设备对产品的性能指标有无明显差异,在试验生产产品中分别抽取 9 个,数据如下:

x_i	0.2	0.3	0.4	0.5	0.6	0.7	0.8	0.9	1.0
y_i	0.10	0.21	0.52	0.32	0.78	0.59	0.68	0.77	0.89

根据数据能否说明两种新设备对该产品的性能指标有无显著性差异?($\alpha = 0.05$)

解 令 $Z = X - Y$,$z_i = x_i - y_i$,$i = 1, 2, \cdots, 9$,

Z 的取值为

0.1 0.09 -0.12 0.18 -0.18 0.11 0.12 0.13 0.11

设 $H_0 : \mu = \mu_0 = 0$; $H_1 : \mu \neq \mu_0.$

$\alpha = 0.05 n = 9$,计算可得 $\bar{z} = 0.06, s = 0.1227.$

取统计量

$$t = \frac{\bar{Z} - \mu_0}{S / \sqrt{n}} \sim t(n-1),$$

查表可得 $t_{\frac{\alpha}{2}}(n-1) = t_{0.025}(8) = 2.306.$

所以,拒绝域为

$$W = \left\{ \left| \frac{\bar{Z} - \mu_0}{S / \sqrt{n}} \right| \geqslant 2.306 \right\}.$$

代入样本观测值

$$\left| \frac{\bar{z} - \mu_0}{s / \sqrt{n}} \right| = \left| \frac{0.06}{\frac{0.1227}{\sqrt{9}}} \right| = 1.467 < 2.306.$$

故接受 H_0,即认为无显著性差异.

请读者自行考虑用另一种解法.

7.3.2 两个正态总体方差的检验——F 检验

设总体 $X \sim N(\mu_1, \sigma_1^2), Y \sim N(\mu_2, \sigma_2^2)$,从两个总体中分别抽取样本 $X_1, X_2,$ $\cdots, X_m$ 和样本 $Y_1, Y_2, \cdots, Y_n$ 且相互独立,$\bar{X}, \bar{Y}$ 和 s_1^2, s_2^2 分别为 X 和 Y 样本均值和样本方差. 检验 $H_0 : \sigma_1^2 = \sigma_2^2.$

由于 S_1^2, S_2^2 是 σ_1^2, σ_2^2 的无偏估计量,因此选取统计量

$$F = \frac{S_1^2}{S_2^2},$$

当 H_0 为真时,$F \sim F(m-1, n-1).$

对给定的显著性水平 α,查表可得临界值为 $F_{\frac{\alpha}{2}}(m-1, n-1)$ 和 $F_{1-\frac{\alpha}{2}}(m-1, n-1).$

所以 H_0 的拒绝域为

$$W = \{ F \geqslant F_{\frac{\alpha}{2}}(m-1, n-1) \} \bigcup \{ F \leqslant F_{1-\frac{\alpha}{2}}(m-1, n-1) \}.$$

这种检验的方法称为 F 检验法.

【例4】 为研究一种新化肥的效果,选用13块条件面积相同的土地进行试验,用 X 和 Y 分别表示在一块地上施肥与不施肥两种情况下玉米的产量,设 $X \sim N(\mu_1, \sigma_1^2), Y \sim N(\mu_2, \sigma_2^2)$,各块产量如下:

施肥: 34 35 30 33 34 32

未施肥: 29 27 32 28 32 31 31

检验：$H_0 : \sigma_1^2 = \sigma_2^2$；$\quad \alpha = 0.05$.

解　$H_0 : \sigma_1^2 = \sigma_2^2$；$\quad H_1 : \sigma_1^2 \neq \sigma_2^2$，

已知 $m = 6, n = 7$，计算可得 $\bar{x} = 33, \bar{y} = 30, s_1^2 = 16/5, s_2^2 = 24/6 = 4$

选取统计量

$$F = \frac{S_1^2}{S_2^2},$$

查表可得

$$F_{\frac{\alpha}{2}}(m-1, n-1) = F_{0.025}(5,6) = 5.99,$$

$$F_{1-\frac{\alpha}{2}}(m-1, n-1) = F_{0.975}(5,6) = \frac{1}{F_{0.025}(6,5)} = 0.143.$$

拒绝域

$$W = \{F \geqslant 5.99)\} \bigcup \{F \leqslant 0.143\},$$

代入样本观测值

$$F = \frac{\frac{16}{5}}{4} = 0.8, 0.143 < 0.8 < 5.99.$$

所以，接受 H_0.

各检验的总体参数显著性如表 7-1 所示：

表 7-1　正态总体参数显著性检验表

名称	条件	假设	统计量	拒绝域
U 检验	$X \sim N(\mu, \sigma^2)$ σ^2 已知	$\mu = \mu_0$	$\dfrac{\overline{X} - \mu_0}{\sigma/\sqrt{n}}$	$\|U\| \geqslant u_{\frac{\alpha}{2}}$
		$\mu \leqslant \mu_0$		$U \geqslant u_\alpha$
		$\mu \geqslant \mu_0$		$U \leqslant -u_\alpha$
t 检验	$X \sim N(\mu, \sigma^2)$ σ^2 未知	$\mu = \mu_0$	$\dfrac{\overline{X} - \mu_0}{S/\sqrt{n}}$	$\|t\| \geqslant t_{\frac{\alpha}{2}}(n-1)$
		$\mu \leqslant \mu_0$		$t \geqslant t_\alpha(n-1)$
		$\mu \geqslant \mu_0$		$t \leqslant -t_\alpha(n-1)$
	$X \sim N(\mu_1, \sigma^2)$ $Y \sim N(\mu_2, \sigma^2)$ σ^2 未知	$\mu_1 = \mu_2$	$\dfrac{\overline{X} - \overline{Y}}{S_W \sqrt{\dfrac{1}{m} + \dfrac{1}{n}}}$ 或 $\dfrac{\overline{Z} - \mu_0}{s/\sqrt{n}}$	$\|t\| \geqslant t_{\frac{\alpha}{2}}(n_1 + n_2 - 2)$
		$\mu_1 \leqslant \mu_2$		$t \geqslant t_\alpha(n_1 + n_2 - 2)$
		$\mu_1 \geqslant \mu_2$		$t \leqslant -t_\alpha(n_1 + n_2 - 2)$

续表

名称	条件	假设	统计量	拒绝域
χ^2 检验	$X \sim N(\mu, \sigma^2)$ μ 已知	$\sigma^2 = \sigma_0^2$	$\dfrac{(n-1)S^2}{\sigma_0^2}$	$\chi^2 \geqslant \chi_{\frac{\alpha}{2}}^2(n-1)$ 或 $\chi^2 \leqslant \chi_{1-\frac{\alpha}{2}}^2(n-1)$
		$\sigma^2 \leqslant \sigma_0^2$		$\chi^2 \geqslant \chi_{\alpha}^2(n-1)$
		$\sigma^2 \geqslant \sigma_0^2$		$\chi^2 \leqslant \chi_{1-\alpha}^2(n-1)$
F 检验	$X \sim N(\mu_1, \sigma_1^2)$ $Y \sim N(\mu_2, \sigma_2^2)$	$\sigma_1^2 = \sigma_2^2$	$F = \dfrac{S_1^2}{S_2^2}$	$F \leqslant F_{1-\frac{\alpha}{2}}(m-1, n-1)$ 或 $F \geqslant F_{\frac{\alpha}{2}}(m-1, n-1)$
		$\sigma_1^2 \leqslant \sigma_2^2$		$F \geqslant F_{\alpha}(m-1, n-1)$
		$\sigma_1^2 \geqslant \sigma_2^2$		$F \leqslant F_{1-\alpha}(m-1, n-1)$

7.4　分布拟合检验

参数假设检验认为总体分布类型已知,只对其中的未知参数进行假设检验.但在实际问题中,有时不能知道总体的分布类型,这就需要根据样本来检验总体是否服从某种分布.这一类检验称为**分布(函数)拟合检验**,也称为**非参数检验**.

设总体 X 的分布函数未知,$X_1, X_2, \cdots, X_n$ 为取自 X 的样本,在给定的显著性水平 α 下,检验假设 $H_0 : F(x) = F_0(x)$,其中 $F_0(x)$ 为已知的分布函数.检验 H_0 可用 χ^2 检验.作法是:

首先将总体的取值范围分为 k 个小区间 $(t_0, t_1), (t_1, t_2), \cdots, (t_{k-1}, t_k)$,其中 t_0 可取 $-\infty$,t_k 可取 $+\infty$.若原假设 H_0 成立,则随机变量 X 落入 (t_{i-1}, t_i) 的概率为
$$p_i = F_0(t_i) - F_0(t_{i-1}), \quad i = 1, 2, \cdots, k.$$
设样本容量为 n,则 n 个样品中应有 np_i 个落入区间 (t_{i-1}, t_i),称 np_i 为**理论频数**,并记为 n_i,n 个样品实际落入区间 (t_{i-1}, t_i) 的个数为 m_i,称**实际频数**.若 H_0 成立,则 m_i 与 n_i 的差异比较小;反过来,若 m_i 与 n_i 的差异很大,应否定 H_0.

若 H_0 中所假设的分布函数 $F_0(x)$ 中包含未知参数,那么需要用由样本求出未知参数的极大似然估计值来代替未知参数.

对此,有如下定理

定理　(1)若 $F_0(x)$ 中不包含未知参数,则当 $H_0 : F(x) = F_0(x)$ 成立时,统计量 $\chi^2 = \sum\limits_{i=1}^{k} \dfrac{(m_i - n_i)^2}{n_i}$ 在 $n \to \infty$ 时的极限分布是 $\chi^2(k-1)$.

(2)若 $F_0(x)$ 中包含 l 个未知参数,$\chi^2 = \sum\limits_{i=1}^{k} \dfrac{(m_i - n_i)^2}{n_i}$ 的极限分布为 $\chi^2(k-$

$l-1$.

根据定理,使用 χ^2 统计量检验 H_0,要求 n 足够大,一般要 $n \geqslant 50$. 同时,n_i 也不能过小,一般 $n_i \geqslant 5$,否则可将相应的区间合并.因此,样本容量时,对给定的显著性水平 α,查表可得临界值 $\chi_\alpha^2(k-l-1)$,得到 H_0 拒绝域

$$W = \left\{ \chi^2 = \sum_{i=1}^{k} \frac{(m_i - n_i)^2}{n_i} \geqslant \chi_\alpha^2(k-l-1) \right\}.$$

【例1】 一颗骰子,连掷 120 次,得结果如下:

点数 i	1	2	3	4	5	6
频数 m_i	21	28	19	24	16	12

据此结果判断该骰子是否是均匀正六面体($\alpha = 0.05$).

解 检验骰子是否均匀,相当于检验 $H_0: p_i = \dfrac{1}{6}$, $i = 1, 2, \cdots, 6$, $n = 120$.

当 H_0 成立时,$n_i = np_i = 20$, $i = 1, 2, \cdots, 6$. m_i 的值见上表,而

$$\chi^2 = \frac{1}{20} \big[(20-21)^2 + (28-20)^2 + (19-20)^2 +$$
$$(24-20)^2 + (16-20)^2 + (12-20)^2 \big]$$
$$= 5.1.$$

查表得 $\qquad\qquad \chi_{0.05}^2(5) = 11.071 > 5.1.$

故接受 H_0,即可以认为该骰子是均匀的.

【例2】 在一实验中,每隔一定时间观察一次某种铀所放射的到达计数器上的 α 粒子数 X,共观察了 100 次,得结果如下表所示:

i	0	1	2	3	4	5	6	7	8	9	10	11	$\sum$
m_i	1	5	16	17	26	11	9	9	2	1	2	1	100

其中 m_i 为观察到的有 i 个 α 粒子数的次数.从理论上考虑,X 应服从泊松分布

$$P\{X = i\} = \frac{\lambda^i e^{-\lambda}}{i!}, \quad i = 0, 1, 2, \cdots$$

问这种理论上的推断是否符合实际($\alpha = 0.05$)?即在水平 0.05 下检验假设:

$$H_0: \text{总体 } X \text{ 服从泊松分布 } P\{X = i\} = \frac{\lambda^i e^{-\lambda}}{i!}, \quad i = 0, 1, 2, \cdots.$$

解 因在 H_0 中包含有未知参数,所以先估计 λ,由极大似然估计法得

$$\hat{\lambda} = \bar{x} = 4.2,$$

当 H_0 为真时

$$P\{X=i\} = \frac{4.2^i \cdot e^{-4.2}}{i!}, \quad i=0,1,2,\cdots$$

对 χ^2 的计算由表 7-2 给出：

表 7-2 χ^2 检验表

i	m_i	$\hat{p}_i$	$n_i = n\hat{p}_i$	$\chi^2 = \sum\limits_{i=1}^{k} \dfrac{(m_i-n_i)^2}{n_i}$
0	1	0.015	1.5 ⎫ 7.8	0.415
1	5	0.063	6.3 ⎭	
2	16	0.132	6.3	0.594
3	17	0.185	13.2	0.122
4	26	0.194	18.5	2.245
5	11	0.163	19.4	1.732
6	9	0.114	16.3	0.505
7	9	0.069	11.4	0.639
8	2	0.036	6.9	
9	1	0.017	3.6 ⎫	0.0385
10	2	0.007	1.7	
11	1	0.003	0.7 ⎬ 6.5	
⩾12	0	0.002	0.3	
			0.2 ⎭	
$\sum$				6.2815

对于给定的 $\alpha = 0.05$，查表可得：$\chi_\alpha^2(k-l-1) = \chi_{0.05}^2(6) = 12.592$.

由于 $\chi^2 = 6.2815 < 12.592$，故接受 H_0. 即认为理论上的推断符合实际.

7.5 秩 和 检 验

本节介绍一种有效的且使用方便的检验方法 —— **秩和检验法**.

设有两个连续型总体 X 与 Y 相互独立，它们的密度函数分别为 $f_1(x)$ 和 $f_2(x)$，且 $EX = \mu_1, EY = \mu_2$，其中 μ_1, μ_2, f_1, f_2 均未知，但已知：

$$f_1(x) = f_2(x-a), \quad a \text{ 为未知常数}.$$

即 f_1 与 f_2 至多相差一个平移.

我们要检验下述各项假设：

(1) $H_0: \mu_1 = \mu_2, \quad H_1: \mu_1 \neq \mu_2$；

(2) $H_0: \mu_1 \leqslant \mu_2, \quad H_1: \mu_1 > \mu_2$；

(3) $H_0: \mu_1 \geqslant \mu_2, \quad H_1: \mu_1 < \mu_2$.

现在来介绍威尔柯克斯(Frank Wilcoxon)提出的秩和检验法检验上述假设.为此,首先引入秩的概念.

设 X 为一总体,将一容量为 n 的样本观测值按从小到大的顺序编号排列成:$x_{(1)} < x_{(2)} < \cdots < x_{(n)}$,称 $x_{(i)}$ 的下角标 i 为 $x_{(i)}$ 的秩,其中 $i = 1, 2, \cdots, n$.

设 $X_1, X_2, \cdots, X_m$ 和 $Y_1, Y_2, \cdots, Y_n$ 分别为总体 X 与 Y 的容量为 m 和 n 的样本,这里总假定 $m \leqslant n$. 将这个 $m + n$ 个样本观测值放在一起按从小到大的顺序重新排列,求出每个观测值的秩,然后将 X 的样本观测值的秩相加求出其和,记为 R_1;再将 Y 的样本观测值的秩相加求出其和,记为 R_2. 显然 R_1, R_2 是离散型的随机变量,且有

$$R_1 + R_2 = \frac{1}{2}(m+n)(m+n+1).$$

可以看到,R_1, R_2 中的一个确定之后另一个也就确定了,所以我们只考虑其中一个即可. 因为 R_1 中秩的个数少于 R_2 中秩的个数,所以我们只考虑统计量 R_1.

对于双侧检验 $H_0 : \mu_1 = \mu_2, H_1 : \mu_1 \neq \mu_2$ 来说,我们先来直观分析,当 H_0 为真时,即有 $f_1(x) = f_2(x)$,此时这两个独立样本相当于来自同一总体,因此 X 的样本中的各个元素和秩应该随机地、分散地在 $1, 2, \cdots, m, m+1, \cdots, n, n+1, \cdots, m+n$ 中取值,一般来说不会过分集中取较小或较大的值. 所以

$$\frac{1}{2}m(m+1) \leqslant R_1 \leqslant \frac{1}{2}m(m+2n+1),$$

即当 H_0 为真时,秩和 R_1 一般来说不应取太靠近上式两端的值,当 R_1 过分大或过分小时,应拒绝 H_0. 所以,对于双侧检验来说,在给定的显著性水平 α 下,H_0 的拒绝域应为

$$W = \left\{ R_1 \geqslant c_1\left(\frac{\alpha}{2}\right) \bigcup R_1 \leqslant c'_1\left(\frac{\alpha}{2}\right) \right\}.$$

其中,$c_1\left(\dfrac{\alpha}{2}\right)$ 是满足 $P\left\{ R_1 \geqslant c_1\left(\dfrac{\alpha}{2}\right) \right\} = \dfrac{\alpha}{2}$ 的最大整数;

$c'_1\left(\dfrac{\alpha}{2}\right)$ 是满足 $P\left\{ R_1 \leqslant c'_1\left(\dfrac{\alpha}{2}\right) \right\} = \dfrac{\alpha}{2}$ 的最小整数.

犯第一类错误的概率为

$$P\left\{ R_1 \geqslant c_1\left(\frac{\alpha}{2}\right) \right\} + P\left\{ R_1 \leqslant c'_1\left(\frac{\alpha}{2}\right) \right\} = \frac{\alpha}{2} + \frac{\alpha}{2} = \alpha.$$

同理,对于右边检验 $H_0 : \mu_1 \leqslant \mu_2, H_1 : \mu_1 > \mu_2$,拒绝域为:$W = \{ R_1 \geqslant c_1(\alpha) \}$;左边检验的拒绝域为:$W = \{ R_1 \leqslant c'_1(\alpha) \}$.

如果知道 R_1 的分布,临界值是可以求出的. 本书附表 8(秩和检验表)列出了 $2 \leqslant m \leqslant n \leqslant 10$ 和各种组合的临界值,以及相应的犯第一类错误的概率. 而当 $m, n > 10, H_0$ 为真时,近似地有

$$U = \frac{R_1 - \mu_{R_1}}{\sigma_{R_1}} \sim N(0,1),$$

其中，$\mu_{R_1} = E(R_1) = \dfrac{m(m+n+1)}{2}$，$\sigma_{R_1}^2 = D(R_1) = \dfrac{mn(m+n+1)}{12}$. 在显著性水平 α 下可采用以前所学的 U 检验法对原假设作出判断.

【例1】 为了研究某种血清是否会对白血病有抑制作用，选取患有白血病已到晚期的9只兔子做试验，其中有5只接受这种治疗，另4只不作这种治疗. 设两样本相互独立. 从试验开始时计算，其存活时间（单位：月）如下：

不作治疗	1.9	0.5	0.9	2.1	
授受治疗	3.1	5.3	1.4	4.6	2.8

设治疗与否的存活时间的概率密度至多只差一个平移. 取 $\alpha = 0.05$，问这种血清对白血病是否有抑制作用？

解 用 μ_1, μ_2 表示不作治疗和接受治疗的兔子的存活时间总体的均值. 据题意需检验授受治疗的兔子的存活时间是否有增长. 为此，设

$$H_0 : \mu_1 = \mu_2; \quad H_1 : \mu_1 < \mu_2.$$

$m = 4, n = 5, \alpha = 0.05$.

把9个样本观测值重新排序：

数据	0.5	0.9	1.4	1.9	2.1	2.8	3.1	4.6	5.3
秩	1	2	3	4	5	6	7	8	9

$R_1 = 1 + 2 + 4 + 5 = 12$. 查表可知 $c_1'(\alpha) = c_1'(0.05) = 12$.
即拒绝域为 $W = \{R_1 \leqslant c_1'(\alpha) = 12\}$. 而 $R_1 = 12$，故拒绝 H_0，即认为这种血清对白血病有抑制作用.

【例2】 某超市为了确定向公司 A 或公司 B 购买某种商品，现将 A, B 公司以往各次进货的次品率进行比较，数据如下，设两样本独立. 问两公司的商品质量有无显著差异. 设两公司的次品率密度至多只差一个平移，取 $\alpha = 0.05$.

A	7.0	3.5	9.6	8.1	6.2	5.1	10.4	4.0	2.0	10.5		
B	5.7	3.2	4.2	11.0	9.7	6.9	3.6	4.8	5.6	8.4	10.1	5.5	12.3

解 设 μ_1, μ_2 分别表示公司 A, B 的商品次品率总体的均值. 根据题意需要检验：

$$H_0 : \mu_1 = \mu_2; \quad H_1 : \mu_1 \neq \mu_2.$$

先将数据按从小到大的顺序排列,得到对应于样本容量为 $m = 10$ 的样本的秩和:
$$R_1 = 1 + 3 + 5 + 8 + 12 + 14 + 15 + 17 + 20 + 21 = 116$$
而 $m = 10, n = 13, m, n \geqslant 10$.

当 H_0 为真时
$$\mu_{R_1} = E(R_1) = \frac{m(m+n+1)}{2} = \frac{1}{2} \times 10 \times (10+13+1) = 120,$$

$$\sigma^2_{R_1} = D(R_1) = \frac{mn(m+n+1)}{12} = 260.$$

故 H_0 为真时,近似地有
$$R_1 \sim N(120, 260),$$

即
$$U = \frac{R_1 - 120}{\sqrt{260}} \sim N(0, 1).$$

所以拒绝域为
$$W = \left\{ |U| \geqslant u_{\frac{\alpha}{2}} = u_{0.025} = 1.96 \right\}.$$

而
$$|U| = \left| \frac{R_1 - 120}{\sqrt{260}} \right| = \left| \frac{116 - 120}{\sqrt{260}} \right| = 0.25 < 1.96,$$

故接受 H_0,即认为这两个公司的这种商品无显著差异.

需要注意的是,在实际中会出现某些观测值相等的情况,对于这种观测值的秩定义为下标的平均值.如,抽得样本按次序排列为 $0, 2, 2, 3, 3$,则两个 2 的秩均为 $\frac{1}{2}(2+3) = 2.5$,两个 3 的秩均为 $\frac{1}{2}(4+5) = 4.5$.

习 题 7

1. 设总体 X 服从正态分布 $N(\mu, 2^2)$,$x_1, x_2, \cdots, x_{16}$ 是该总体的一个样本值. 已知假设 $H_0: \mu = 0$,$H_1: \mu \neq 0$ 在显著水平为 α 时的拒绝域是 $|\bar{X}| > 1.29$,其中 $\bar{X} = \frac{1}{16}\sum_{i=1}^{16} x_i$ 是样本均值,问此检验的显著水平 α 的值是多少?犯第一类错误的概率是多少?

2. 某厂用柱塞式填装机将胶水装入容量为 250 mL 的瓶内.每瓶内胶水量是随机变量 X.假设服从正态分布 $N(\mu, 5^2)$.现研制一种新的填装机其装速比原来的装速明显加快.现从用新机器所装的胶水瓶中抽取 45 瓶,测量知其胶水量为 $x_1, x_2, \cdots, x_{45}$,经过计算得 $\sum_{i=1}^{45} (x_i - \bar{x})^2 = 794.75$,试检验用新机器投入生产,标准差是否有显著减少?$(\alpha = 0.10)$

3. 某工厂生产的一种电子元件,在正常情况下,其使用寿命 Xh 服从正态分布

$N(2500,120^2)$. 某日从该厂生产的一批这种电子元件中随机抽取 16 个,测得样本均值 $\bar{x} = 2435$ h,假定电子元件寿命的方差不变,问能否认为该日生产的这批电子元件的寿命均值 $\mu = 2500$ h?(取显著水平 $\alpha = 0.05$)

4. 设某砖厂生产的砖的抗断强度 $X \sim N(32.50, 1.21)$,某天从该厂生产的砖中随机抽取 6 块,测得抗断强度如下(单位:kg/cm²):

$$32.56 \quad 29.66 \quad 31.64 \quad 30.00 \quad 31.87 \quad 31.03$$

检验这天该厂生产的砖的平均抗断强度是否仍为 32.50 kg/cm²?(取显著性水平 $\alpha = 0.05$)

5. 在上题中,检验这天该厂生产的砖的平均抗断强度是否不小于 32.50 kg/cm²?(取显著性水平 $\alpha = 0.05$)

6. 化肥厂用自动包装机包装化肥,某日随机抽取 9 包,测得质量(单位:kg)如下:

$$49.7 \quad 49.8 \quad 50.3 \quad 50.5 \quad 49.7 \quad 50.1 \quad 49.9 \quad 50.5 \quad 50.4$$

若每包化肥的质量服从正态分布,问是否可以认为这天每包化肥的平均质量为 50 kg?(取显著性水平 $\alpha = 0.05$)

7. 已知某炼铁厂的铁水含碳量 X 服从正态分布,均值 $\mu = 4.40$. 某日随机测得 7 炉铁水,算得平均含碳量 $\bar{x} = 4.51$,标准差 $S = 0.11$. 以显著性水平 $\alpha = 0.05$ 检验这天铁水含碳量的均值是否显著提高?

8. 自动车床加工某种零件,其直径 X(单位:mm)服从正态分布,要求 $\sigma^2 \leqslant 0.09$. 某天开工后,随机抽取 30 件,测得数据如下:

零件直径 x_i (mm)	9.2	9.4	9.6	9.8	10.0	10.2	10.4	10.6	10.8
频数 n_i	1	1	3	6	7	5	4	2	1

检验这天加工的零件是否符合要求?(取显著性水平 $\alpha = 0.05$)

9. 两种工艺下纺的细纱的强力 X 与 Y 分别服从正态分布 $X \sim N(\mu_x, 14^2)$ 和 $Y \sim N(\mu_y, 15^2)$,各抽取容量为 50 的样本,算得 $\bar{x} = 280, \bar{y} = 286$. 问两种工艺下纺的细纱的强力有无明显差异?(取显著性水平 $\alpha = 0.05$)

10. 某香烟厂生产两种香烟,独立地随机抽取容量大小相同的烟叶标本,测量尼古丁含量的毫克数,实验室分别做了 6 次测定,数据记录如下:

甲:25　28　23　26　29　22

乙:28　23　30　25　21　27

试问:这两种香烟的尼古丁含量有无显著差异?假定尼古丁的含量服从需要正态分布,且方差相同.($\alpha = 0.05$)

11.在集中教育开课前对学员进行测验,过了一段时间后,又对学员进行了与前一次同样程度的考查,目的是了解上次的学员和这次学员的考试分数是否有差别($\alpha = 0.05$),从上次与这次学员的考卷中随机抽取12份考试成绩,如下表:

考查次数	考分						总计	平均分
(1)	80.5	91.0	81.0	85.0	10.0	86.0	940	78.5
	69.5	74.0	72.5	83.0	69.0	78.5		
(2)	76.0	90.0	91.5	73.0	64.5	77.5	960	80.0
	81.0	83.5	86.0	78.5	85.0	73.5		

12.一中药厂从某种药材中提取某种成分,为了进一步提高提取率,改进提炼油方法,现在对同一质量的药材,用旧法和新法各做了 10 次试验,其提取率分别为:

旧方法: 75.5 77.3 76.2 78.1 74.3 72.4 77.4 68.4 76.7 76.0

新方法: 77.3 79.1 79.1 81.0 80.2 79.1 82.1 80.0 77.3 79.1

设这两个样本分别抽自正态总体 $N(\mu_1, \sigma_1^2), N(\mu_2, \sigma_2^2)$,且相互独立,问新法的提取率 μ_1 是否比旧法的提取率 μ_2 高?($\alpha = 0.01$)

13.考查某种纤维的抗拉强度,共取 300 根进行试验,结果分为13组,列表如下:

i	1	2	3	4	5	6
t_i	$0.5 \sim 0.64$	$0.64 \sim 0.78$	$0.78 \sim 0.92$	$0.92 \sim 1.06$	$1.06 \sim 1.20$	$1.20 \sim 1.34$
m_i	1	2	9	25	37	53
i	7	8	9	10	11	12	13
t_i	$1.34 \sim 1.48$	$1.48 \sim 1.62$	$1.62 \sim 1.76$	$1.76 \sim 1.90$	$1.90 \sim 2.04$	$2.04 \sim 2.18$	$2.18 \sim 2.32$
m_i	56	53	31	19	10	3	1

据此检验是否服从正态分布($\alpha = 0.05$).

14.某商店为了掌握每 5 分钟内到达的顾客数,观察了 130 次,统计结果如下:

5分钟到达顾客: 0   1   2   3   4   5   6   7   8   9

观察次数: 3   9 10 12 18 22 22 16 12   6

问观察结果是否服从泊松分布.

15.某年级随机抽取 6 名男生和 8 名女生的英语考试成绩如下表所示.问该年级男女生的英语成绩是否存在显著差异?

男	92	78	94	88	76	87		
女	69	52	86	80	47	63	76	82
男秩次	13	7	14	12	5.5	11		
女秩次	4	2	10	8	1	3	5.5	9

16. 某校演讲比赛后随即抽出两组学生的比赛成绩如下表,问两组成绩是否有显著差异?

一组	74	68	86	90	75	78	81	72	64	76	79	77		
二组	80	77	69	86	76	91	66	73	65	78	81	82	92	93
一组秩次	8	4	21.5	23	9	14.5	18.5	6	1	10.5	6	12.5		
二组秩次	17	12.5	5	21.5	10.5	24	3	7	2	14.5	18.5	20	25	26

第8章

方 差 分 析

8.1 单因素试验的方差分析

在科学试验、生产实践和社会生活中,影响一个事件的因素有很多,例如,在工业生产中,产品的质量往往受到原材料、设备、技术及员工素质等因素的影响;又如,在工作中,影响个人收入的因素也是多方面的,除了学历、专业、工作时间等方面外,还受到个人能力、经历及机遇等偶然因素的影响.虽然在这众多因素中,每一个因素的改变都可能影响最终的结果,但有些因素影响较大,有些因素影响较小.因而在处理实际问题中,有必要找出对事件最终结果有显著影响的那些因素.方差分析就是根据试验的结果进行分析,通过建立数学模型,鉴别各个因素影响效应的一种有效方法.

8.1.1 基本概念

在方差分析中,我们将要考察的对象的某种特征称为**试验指标**.影响试验指标的条件称为**因素**.因素可分为两类,一类是人们可以控制的(如前面的原材料、设备、学历、专业等因素);另一类人们无法控制的(如前面的员工素质与机遇等因素).

今后,我们所讨论的因素都是指可控制因素.每个因素又有若干个状态可供选择,因素可供选择的每个状态称为该因素的**水平**.如果在一项试验中只有一个因素在改变,则称为**单因素试验**;如果多于一个因素在改变,则称为**多因素试验**.因素常用大写字母 $A,B,C,\cdots$ 来表示,因素 A 的水平用 $A_1,A_2,\cdots$ 来表示.本节仅对单因素试验进行讨论.

8.1.2 假设前提

设单因素 A 具有 r 个水平,分别记为 $A_1,A_2,\cdots,A_r$,在每个水平 $A_i(i=1,2,\cdots,r)$ 下,要考察的指标可以看成一个总体,故有 r 个总体,并假设:

(1) 每个总体均服从正态分布,即 $X_i \sim N(\mu_i,\sigma^2)$, $i=1,2,\cdots,r$;

（2）每个总体的方差 σ^2 相同；

（3）从每个总体中抽取的样本 $X_{i1}, X_{i2}, \cdots, X_{in_i}$ 相互独立，$i = 1, 2, \cdots, r$.

此处的 μ_i, σ^2 均未知. 将假设及相关符号列表，如表 8-1 所示.

表 8-1　单因素试验参数

水　平	A_1	A_2	A_3	$\cdots$	A_r
样　本	X_{11} X_{12} $\vdots$ X_{1n_1}	X_{21} X_{22} $\vdots$ X_{2n_2}	X_{31} X_{32} $\vdots$ X_{3n_3}	$\cdots$ $\cdots$ $\cdots$	X_{r1} X_{r2} $\vdots$ X_{rn_r}
样本和	$X_1.$	$X_2.$	$X_3.$	$\cdots$	$X_r.$
样本均值	$\overline{X}_1$	$\overline{X}_2$	$\overline{X}_3$	$\cdots$	$\overline{X}_r$
总　体	X_1	X_2	X_3	$\cdots$	X_r
总体均值	μ_1	μ_2	μ_3	$\cdots$	μ_r

那么，要比较各个总体的均值是否一致，就是要检验各个总体的均值是否相等，设第 i 个总体的均值为 μ_i，则

假设检验为　　$H_0: \mu_1 = \mu_2 = \cdots = \mu_r$；

备择假设为　　$H_1: \mu_1, \mu_2, \cdots, \mu_r$ 不全相等.

在水平 $A_i (i = 1, 2, \cdots, r)$ 下，进行 n_i 次独立试验，得到试验数据为 $X_{i1}, X_{i2}, \cdots, X_{in_i}$，记数据的总个数为 $n = \sum\limits_{i=1}^{r} n_i$.

由假设有 $X_{ij} \sim N(\mu_i, \sigma^2)$（$\mu_i$ 和 σ^2 未知），即有 $X_{ij} - \mu_i \sim N(0, \sigma^2)$，故 $X_{ij} - \mu_i$ 可视为随机误差. 记 $X_{ij} - \mu_i = \varepsilon_{ij}$，从而得到如下数学模型

$$\begin{cases} X_{ij} = \mu_i + \varepsilon_{ij}, \quad i = 1, 2, \cdots, r, j = 1, 2, \cdots, n_i \\ \varepsilon_{ij} \sim N(0, \sigma^2), \text{各个 } \varepsilon_{ij} \text{ 相互独立}, \mu_i \text{ 和 } \sigma^2 \text{ 未知} \end{cases} \tag{8.1}$$

方差分析的任务：

（1）检验该模型中 r 个总体 $N(\mu_i, \sigma^2)$，$(i = 1, 2, \cdots, r)$ 的均值是否相等；

（2）作出未知参数 $\mu_1, \mu_2, \cdots, \mu_r, \sigma^2$ 的估计.

为了更仔细地描述数据，常在方差分析中引入总平均和效应的概念. 将 $\mu_1, \mu_2, \cdots, \mu_r$ 各均值的加权平均值 $\dfrac{1}{n} \sum\limits_{i=1}^{r} n_i \mu_i$ 记为 μ，即

$$\mu = \frac{1}{n} \sum_{i=1}^{r} n_i \mu_i,$$

其中 $n = \sum_{i=1}^{r} n_i$. 再引入

$$\delta_i = \mu_i - \mu, \quad i = 1, 2, \cdots, r.$$

δ_i 表示在水平 A_i 下总体的均值 μ_i 与总平均 μ 的差异,称其为因子 A 的第 i 个水平 A_i 的**效应**. 易见,效应间有如下关系式

$$\sum_{i=1}^{r} n_i \delta_i = \sum_{i=1}^{r} n_i (\mu_i - \mu) = 0,$$

利用上述记号,前述数学模型可改写为

$$\begin{cases} X_{ij} = \mu + \delta_i + \varepsilon_{ij} & i = 1, 2, \cdots, r; \quad j = 1, 2, \cdots, n_r \\ \sum_{i=1}^{r} n_i \delta_i = 0 \\ \varepsilon_{ij} \sim N(0, \sigma^2), \text{各个 } \varepsilon_{ij} \text{ 相互独立}, \mu_i \text{ 和 } \sigma^2 \text{ 未知} \end{cases} \tag{8.2}$$

而前述检验假设则等价于

$$H_0 : \delta_1 = \delta_2 = \cdots = \delta_r = 0.$$
$$H_1 : \delta_1, \delta_2, \cdots, \delta_r \text{ 不全为零}.$$

这是因为当且仅当 $\mu_1 = \mu_2 = \cdots = \mu_r$ 时,$\mu_i = \mu$,即 $\delta_i = 0 (i = 1, 2, \cdots, r)$.

8.1.3 偏差平方和及其分解

为了使造成各 X_{ij} 之间的差异的大小能定量表示出来,我们先引入:

记在水平 A_i 下样本和为 $X_{i \cdot} = \sum_{j=1}^{n_i} X_{ij}$,其样本均值为 $\overline{X}_i = \frac{1}{n_i} \sum_{j=1}^{n_i} X_{ij}$,

因素 A 下的所有水平的样本总均值为

$$\overline{X} = \frac{1}{r} \sum_{i=1}^{r} \overline{X}_{i \cdot} = \frac{1}{n} \sum_{i=1}^{r} \sum_{j=1}^{n_i} X_{ij}.$$

为了通过分析对比产生样本

$$X_{ij}, \quad i = 1, 2, \cdots, r, \quad j = 1, 2, \cdots, n_i$$

之间差异性的原因,从而确定因素 A 的影响是否显著,我们引入偏差平方和来度量各个体间的差异程度

$$S_T = \sum_{i=1}^{r} \sum_{j=1}^{n_i} (X_{ij} - \overline{X})^2. \tag{8.3}$$

因 S_T 能反映全部试验数据之间的差异,所以又称为**总偏差平方和**.

如果 H_0 成立,则 r 个总体间无显著差异,也就是说因素 A 对指标没有显著影响,所有的 X_{ij} 可以认为来自同一个总体 $N(\mu, \sigma^2)$,各个 X_{ij} 间的差异只是由随机因素引起的. 若 H_0 不成立,则在总偏差中,除随机因素引起的差异外,还包括由因素

A 的不同水平的作用而产生的差异,如果不同水平作用产生的差异比随机因素引起的差异大得多,就认为因素 A 对指标有**显著影响**,否则,认为**无显著影响**. 为此,可将总偏差中的这两种差异分开,然后进行比较.

记　$S_A = \sum_{i=1}^{r} n_i (\overline{X}_i - \overline{X})^2$,　$S_E = \sum_{i=1}^{r} \sum_{j=1}^{n_i} (X_{ij} - \overline{X}_i)^2$,则有下面的定理:

定理 8.1(平方和分解定理)　令 $\overline{X}_i = \dfrac{1}{n_i} \sum_{j=1}^{n_i} X_{ij}$,　$i = 1, 2, \cdots, r$,有

$$S_T = S_E + S_A. \tag{8.4}$$

证明

$$S_T = \sum_{i=1}^{r} \sum_{j=1}^{n_i} (X_{ij} - \overline{X})^2 = \sum_{i=1}^{r} \sum_{j=1}^{n_i} [(X_{ij} - \overline{X}_i) + (\overline{X}_i - \overline{X})]^2$$

$$= \sum_{i=1}^{r} \sum_{j=1}^{n_i} (X_{ij} - \overline{X}_i)^2 + 2 \sum_{i=1}^{r} \sum_{j=1}^{n_i} (X_{ij} - \overline{X}_i)(\overline{X}_i - \overline{X}) + \sum_{i=1}^{r} \sum_{j=1}^{n_i} (\overline{X}_i - \overline{X})^2$$

$$= \sum_{i=1}^{r} \sum_{j=1}^{n_i} (X_{ij} - \overline{X}_i)^2 + 2 \sum_{i=1}^{r} (\overline{X}_i - \overline{X}) \sum_{j=1}^{n_i} (X_{ij} - \overline{X}_i) + \sum_{i=1}^{r} n_i (\overline{X}_i - \overline{X})^2$$

$$= \sum_{i=1}^{r} \sum_{j=1}^{n_i} (X_{ij} - \overline{X}_i)^2 + 2 \sum_{i=1}^{r} (\overline{X}_i - \overline{X})(\sum_{j=1}^{n_i} X_{ij} - n_i \overline{X}_i) + \sum_{i=1}^{r} n_i (\overline{X}_i - \overline{X})^2$$

$$= \sum_{i=1}^{r} \sum_{j=1}^{n_i} (X_{ij} - \overline{X}_i)^2 + \sum_{i=1}^{r} n_i (\overline{X}_i - \overline{X})^2$$

$$= S_E + S_A.$$

S_E 表示在水平 A_i 下样本值与样本均值之间的差异,它是由随机误差引起的,称为误差平方和或组内平方和.

S_A 反映在每个水平下的样本均值与样本总均值的差异,它是由因素 A 取不同水平引起的,称为因素 A 的效应平方和或组间平方和. (8.4) 式就是我们所需要的平方和分解式.

8.1.4　S_E 与 S_A 的统计特性

如果 H_0 成立,则所有的 X_{ij} 都服从正态分布 $N(\mu, \sigma^2)$,且相互独立,则有:

定理 8.2

(1) $\dfrac{S_E}{\sigma^2} \sim \chi^2(n-r)$ 且 $E(S_E) = (n-r)\sigma^2$. 所以 $\dfrac{S_E}{n-r}$ 为 σ^2 的无偏估计;

(2) $\dfrac{S_A}{\sigma^2} \sim \chi^2(r-1)$,且 $E(S_A) = (r-1)\sigma^2$,因此 $\dfrac{S_A}{r-1}$ 为 σ^2 的无偏估计;

(3) S_E 与 S_A 相互独立;

(4) $\dfrac{S_T}{\sigma^2} \sim \chi^2(n-1)$.

证明 略.

8.1.5 假设检验问题的拒绝域

由前面定理 8.2 我们知道当 H_0 成立时 $E\left(\dfrac{S_A}{r-1}\right) = \sigma^2$,即 $\dfrac{S_A}{r-1}$ 是 σ^2 的无偏估

计量. 而当 H_1 为真时,因 $\sum\limits_{i=1}^{r} n_i\delta_i^2 > 0$,此时 $E\left(\dfrac{S_A}{r-1}\right) = \sigma^2 + \dfrac{1}{r-1}\sum\limits_{i=1}^{r} n_i\delta_i^2 > \sigma^2$. 又

由定理 8.2 知不管 H_0 是否为真,$\dfrac{S_E}{n-r}$ 都是 σ^2 的无偏估计量.

综上有 $F = \dfrac{\dfrac{S_A}{r-1}}{\dfrac{S_E}{n-r}}$ 的分子分母相互独立,分母 $\dfrac{S_E}{n-r}$ 不论 H_0 是否为真,其数学

期望都是 σ^2,当 H_0 为真时,分子的数学期望是 σ^2,当 H_0 不为真时,分子的取值有偏

大的趋势.

因此在显著性水平 α 下,检验假设的拒绝域为

$$F = \dfrac{\dfrac{S_A}{r-1}}{\dfrac{S_E}{n-r}} \geqslant F_\alpha(r-1,n-r). \tag{8.5}$$

上面分析的结果可排成表 8-2 的形式,称为**方差分析表**.

表 8-2　单因素试验方差分析表

方差来源	平方和	自由度	均方	F 比
因素 A	S_A	$r-1$	$\overline{S}_A = \dfrac{S_A}{r-1}$	$F = \dfrac{\overline{S}_A}{\overline{S}_E}$
误差	S_E	$n-r$	$\overline{S}_E = \dfrac{S_E}{n-r}$	
总和	S_T	$n-1$		

表中 $\overline{S}_A = \dfrac{S_A}{r-1}$,$\overline{S}_E = \dfrac{S_E}{n-r}$ 分别称为 S_A,S_E 的**均方**. 另外,因在 S_T 中 n 个变

量 $X_{ij} - \overline{X}$ 之间仅满足一个约束条件 $\overline{X} = \dfrac{1}{n}\sum\limits_{i=1}^{r}\sum\limits_{j=1}^{n_i} X_{ij}$,故 S_T 的自由度为 $n-1$,正

好等于 S_E 与 S_A 的自由度之和.

对给定的检验水平 α,查 $F_\alpha(r-1,n-r)$ 的值,由样本观察值计算 S_E 及 S_A,从

而计算出统计量 F 的观察值. 由于 H_0 不真时, S_A 值偏大, 导致 F 值偏大. 因此,

(1) 若 $F \geqslant F_\alpha(r-1, n-r)$ 时, 拒绝 H_0, 表示因素 A 的各水平下的效应有显著差异;

(2) 若 $F < F_\alpha(r-1, n-r)$ 时, 则接受 H_0, 表示因素 A 的各水平下的效应无显著差异.

实际分析中, 常采用如下简便算法和记号

令　　$X_{i.} = \sum_{j=1}^{n_i} X_{ij}, X_{i.}$ 为水平 A_i 下的样本和, $i = 1, 2, \cdots, r$;

$T = \sum_{i=1}^{r} \sum_{j=1}^{n_i} X_{ij} = \sum_{i=1}^{r} X_{i.}$ 为所有样本和.

则　　$S_T = \sum_{i=1}^{r} \sum_{j=1}^{n_i} X_{ij}^2 - n\overline{X}^2 = \sum_{i=1}^{r} \sum_{j=1}^{n_i} X_{ij}^2 - \dfrac{T^2}{n}$;

$S_A = \sum_{i=1}^{r} n_i \overline{X}_i^2 - n\overline{X}^2 = \sum_{i=1}^{r} \dfrac{T_{i.}^2}{n_i} - \dfrac{T^2}{n}$;

$S_E = S_T - S_A$.

【例 1】　设有三台机器, 用来生产规格相同的铝合金薄板. 取样, 测量薄板的厚度精确至千分之一 cm. 得到结果如表 8-3 所示.

表 8-3　铝合金板的厚度

机器 Ⅰ	机器 Ⅱ	机器 Ⅲ
0.236	0.257	0.258
0.238	0.253	0.264
0.248	0.255	0.259
0.245	0.254	0.267
0.243	0.261	0.262

这里, 试验的指标是薄板的厚度, 机器为因素, 不同的三台机器就是这个因素的三个不同的水平. 如果假定除机器这一因素外, 材料的规格、操作人员的水平等其他条件都相同, 这就是单因素试验. 试验的目的是为了考察各台机器所生产的薄板的厚度有无显著的差异, 即考察机器这一因素对厚度有无显著的影响. 如果厚度有显著差异, 就表明机器这一因素对厚度的影响是显著的.

解　检验假设　$(\alpha = 0.05)$

$H_0: \mu_1 = \mu_2 = \mu_3$;　$H_1: \mu_1, \mu_2, \mu_3$ 不全相等.

已知 $r = 3, n_1 = n_2 = n_3 = 5, n = 15$.

则 $\quad T = \sum_{i=1}^{r} \sum_{j=1}^{n_i} X_{ij} = 3.8;$

$$S_T = \sum_{i=1}^{3} \sum_{j=1}^{5} X_{ij}^2 - \frac{T^2}{n} = 0.963\,912 - \frac{3.8^2}{15} = 0.001\,2453\,3;$$

$$S_A = \sum_{i=1}^{3} \frac{T_{i\cdot}^2}{n_i} - \frac{T^2}{n} = \frac{1}{5}(1.21^2 + 1.28^2 + 1.31^2) - \frac{3.8^2}{15} = 0.001\,053\,33;$$

$$S_E = S_T - S_A = 0.000\,192.$$

S_T, S_A, S_E 的自由度依次为 $n-1 = 14, r-1 = 2, n-r = 12$,得方差分析表如表8-4所示.

表8-4　例1的方差分析表

方差来源	平方和	自由度	均方	F 比
因素 A	0.001 053 33	2	0.000 526 67	32.92
误差	0.000 192	12	0.000 016	
总和	0.001 245 33	14		

因 $F_{0.05}(2,12) = 3.89 < 32.92$,故在显著性水平 $\alpha = 0.05$ 下拒绝 H_0,认为各台机器生产的薄板的厚度有显著的差异.

8.1.6　未知参数的估计

前面已经提到,不管 H_0 是否为真,都有 $\dfrac{S_E}{n-r}$ 是 σ^2 的无偏估计量.

又由 $\overline{X} \sim N\left(\mu, \dfrac{\sigma^2}{n}\right)$ 知 $E(\overline{X}) = \mu;$ $\quad E(\overline{X}_{i\cdot}) = \dfrac{1}{n_i} \sum_{j=1}^{n_i} E(X_{ij}) = \mu_i, \quad i = 1, 2, \cdots, r.$

故 $\hat{\mu} = \overline{X}, \hat{\mu}_i = \overline{X}_{i\cdot}$ 分别是 μ, μ_i 的无偏估计.若拒绝 H_0,这意味着 $\delta_1, \delta_2, \cdots, \delta_r$ 不全为零.

由于 $\delta_i = \mu_i - \mu, \quad i = 1, 2, \cdots, r$,知 $\hat{\delta}_i = \overline{X}_{i\cdot} - \overline{X}$ 是 δ_i 的无偏估计.此时还有关系式 $\sum_{i=1}^{r} n_i \hat{\delta}_i = \sum_{i=1}^{r} n_i \overline{X}_{i\cdot} - n\overline{X} = 0$,使 $\hat{\mu}$ 达到最优的水平为最优水平.

当 H_0 成立时,所有的 $\delta_1, \delta_2, \cdots, \delta_r$ 全等于零,不需要估计,选择费用低、易实施的水平为最佳水平.

当拒绝 H_0 时,需要做出两总体 $N(\mu_k, \sigma^2)$ 和 $N(\mu_l, \sigma^2), k \neq l$ 的均值 $\mu_k - \mu_l$ 的区间估计,具体做法如下:

由 $\dfrac{S_E}{\sigma^2} \sim \chi^2(n-r)$,及 $\dfrac{\overline{X}_i - \mu_i}{\frac{\sigma}{\sqrt{n_i}}} \sim N(0,1),$

所以
$$\left(\frac{\overline{X}_i - \mu_i}{\frac{\sigma}{\sqrt{n_i}}}\right)^2 \sim \chi^2(1).$$

由各水平下的样本独立性假设,又由正态总体均值与样本方差的独立性,可知 $\left(\dfrac{\overline{X}_i - \mu_i}{\frac{\sigma}{\sqrt{n_i}}}\right)^2$ 与 $\dfrac{S_E}{\sigma^2}$ 相互独立.

所以
$$F = \frac{\left(\dfrac{\overline{X}_i - \mu_i}{\frac{\sigma}{\sqrt{n_i}}}\right)^2}{\dfrac{S_E}{\sigma^2(n-r)}} = \frac{n_i(\overline{X}_i - \mu_i)^2}{\dfrac{S_E}{(n-r)}} \sim F(1, n-r),$$

易得 μ_i 的置信度为 $1-\alpha$ 的置信区间为

$$\left(\overline{X}_i \pm \sqrt{\frac{S_E}{(n-r)n_i}F_\alpha(1, n-r)}\right). \tag{8.6}$$

又因为 $\dfrac{(\overline{X}_k - \overline{X}_l) - (\mu_k - \mu_l)}{\sigma\sqrt{\dfrac{1}{n_k} + \dfrac{1}{n_l}}} \sim N(0,1)$ 且与 $\dfrac{S_E}{\sigma^2}$ 相互独立,

所以
$$t = \frac{(\overline{X}_k - \overline{X}_l) - (\mu_k - \mu_l)}{\sqrt{\dfrac{S_E}{n-r}\left(\dfrac{1}{n_k} + \dfrac{1}{n_l}\right)}} \sim t(n-r).$$

易得 $\mu_k - \mu_l$ 的置信度为 $1-\alpha$ 的置信区间为

$$\left((\overline{X}_k - \overline{X}_l) \pm t_{\frac{\alpha}{2}}(n-r)\sqrt{\frac{S_E}{n-r}\left(\frac{1}{n_k} + \frac{1}{n_l}\right)}\right). \tag{8.7}$$

【例 2】 求例 1 中未知参数 $\mu_i(i=1,2,3)$, σ^2 的点估计及均值差的置信度为 95% 的置信区间.

解 $\hat{\mu} = \bar{x}_1. = 0.242$, $\hat{\mu} = \bar{x}_2. = 0.256$, $\hat{\mu} = \bar{x}_3. = 0.262$, $\hat{\mu}\bar{x} = 0.253$,

$\hat{\sigma}^2 = \dfrac{S_E}{(n-r)} = 0.000\,016.$

因
$$t_{\frac{\alpha}{2}}(n-r) = t_{0.025}(12) = 2.1788,$$

得
$$t_{\frac{\alpha}{2}}(n-r)\sqrt{\frac{S_E}{n-r}\left(\frac{1}{n_k} + \frac{1}{n_l}\right)} = t_{0.025}(12)\sqrt{S_E\left(\frac{1}{n_k} + \frac{1}{n_l}\right)}$$

$$= 2.1788\sqrt{16 \times 10^{-6} \times \frac{2}{5}} = 0.006$$

故 $\mu_1 - \mu_2$, $\mu_1 - \mu_3$, $\mu_2 - \mu_3$ 的置信水平为 0.95 的置信区间分别为

$$(0.242 - 0.256 \pm 0.006) = (-0.020, -0.008);$$

$$(0.242 - 0.262 \pm 0.006) = (-0.026, -0.014);$$

$$(0.256 - 0.262 \pm 0.006) = (-0.012, 0).$$

【例 3】 设某种灯泡用四种灯丝生产四批灯泡.在每批中随机的抽取若干个灯泡做寿命试验,得数据如表 8-5 所示.问不同灯丝对灯泡寿命的影响是否有显著差异($\alpha = 0.05$)?

表 8-5

灯丝种类	寿 命						
A_1	1600	1610	1650	1680	1700	1780	
A_2	1500	1640	1400	1700	1750		
A_3	1640	1500	1600	1620	1640	1740	1600
A_4	1510	1520	1530	1570	1680	1640	

解 设 A_i 相应的总体 $X_i \sim N(\mu_i, \sigma^2)$, $i = 1, 2, 3, 4$. X_i 之间相互独立.

需要检验假设 $H_0: \mu_1 = \mu_2 = \mu_3 = \mu_4$; $H_1: \mu_1, \mu_2, \mu_3, \mu_4$ 不全相等.

$$r = 4, \quad n = 24, \quad n_1 = 6, \quad n_2 = 5, \quad n_3 = 7, \quad n_4 = 6;$$

$$\overline{X}_1 = 1670, \quad \overline{X}_2 = 1598, \quad \overline{X}_3 = 1620, \quad \overline{X}_4 = 1575;$$

题中 $\overline{X} = \dfrac{(1670 \times 6 + 1598 \times 5 + 1620 \times 7 + 1575 \times 6)}{24} = 1616.67.$

$$S_A = \sum_{i=1}^{r} n_i (\overline{X}_i - \overline{X})^2 = 29\,303.33; \quad S_E = \sum_{i=1}^{r} \sum_{j=1}^{n_i} (X_{ij} - \overline{X}_i)^2 = 161030.$$

方差分析如表 8-6 所示.

表 8-6 例 3 的方差分析表

方差来源	平方和	自由度	均方	F 比
因素 A	29303.33	3	9767.78	1.2132
误差	161030	20	8051.5	
总和	190333.33	23		

因 $F_{0.05}(2, 20) = 3.10 > 1.2132$,故在显著性水平 $\alpha = 0.05$ 下接受 H_0,即认为四种灯丝对灯泡寿命没有显著影响.

8.2 双因素试验的方差分析

在许多实际问题中,往往要同时考虑两个因素对试验指标的影响.例如,要同时考虑工人的技术和机器对产品质量是否有显著影响.这里涉及工人的技术和机器这样两个因素.多因素方差分析与单因素方差分析的基本思想是一致的,不同之处就在于各因素不但对试验指标起作用,而且各因素不同水平的搭配也对试验指标起作用.统计学上把多因素不同水平的搭配对试验指标的影响称为**交互作用**.交互作用的效应只有在有重复的试验中才能分析出来.

对于双因素试验的方差分析,我们分为无重复和等重复试验两种情况来讨论.对无重复试验只需要检验两个因素对试验结果有无显著影响;而对等重复试验还要考察两个因素的交互作用对试验结果有无显著影响.

8.2.1 无重复试验双因素方差分析

设因素 A,B 作用于试验指标.因素 A 有 r 个水平 $A_1,A_2,\cdots,A_r$,因素 B 有 s 个水平 $B_1,B_2,\cdots,B_s$.对因素 A,B 的每一个水平的一对组合 $(A_i,B_j),i=1,2,\cdots,r$; $j=1,2,\cdots,s$ 只进行一次实验,得到 rs 个试验结果 X_{ij},列于表 8-7 中.

表 8-7

	B_1	B_2	$\cdots$	B_s
A_1	X_{11}	X_{12}	$\cdots$	X_{1s}
A_2	X_{21}	X_{22}	$\cdots$	X_{2s}
$\vdots$	$\vdots$	$\vdots$	$\vdots$	$\vdots$
A_r	X_{r1}	X_{r2}	$\cdots$	X_{rs}

1. 基本假设

与单因素方差分析的假设前提相同,仍假设:

(1) $X_{ij} \sim N(\mu_{ij},\sigma^2),\mu_{ij},\sigma^2$ 未知,$i=1,2,\cdots,r$; $j=1,2,\cdots,s$.

(2) 每个总体的方差相同;

(3) 各 X_{ij} 相互独立,$i=1,2,\cdots,r$; $j=1,2,\cdots,s$.

那么,要比较同一因素的各个总体的均值是否一致,就是要检验各个总体的均值是否相等,故检验假设为

$$H_{0A}:\mu_{1j}=\mu_{2j}=\cdots=\mu_{rj}=\mu._j, \quad j=1,2,\cdots,s;$$
$$H_{0B}:\mu_{i1}=\mu_{i2}=\cdots=\mu_{is}=\mu_{i.}, \quad i=1,2,\cdots,r. \tag{8.8}$$

备择假设为

$$H_{1A}:\mu_{1j},\mu_{2j},\cdots,\mu_{rj} \text{ 不全相等};$$
$$H_{1B}:\mu_{i1},\mu_{i2},\cdots,\mu_{is} \text{ 不全相等}. \tag{8.9}$$

由假设有 $X_{ij} \sim N(\mu_{ij},\sigma^2)$,其中 μ_{ij} 和 σ^2 均未知,记 $X_{ij}-\mu_{ij}=\varepsilon_{ij}$,即有 $\varepsilon_{ij}=X_{ij}-\mu_{ij} \sim N(0,\sigma^2)$,故 $X_{ij}-\mu_{ij}$ 可视为随机误差.从而得到如下数学模型:

$$\begin{cases} X_{ij}=\mu_{ij}+\varepsilon_{ij}, \quad i=1,2,\cdots,r; \quad j=1,2,\cdots,s \\ \varepsilon_{ij} \sim N(0,\sigma^2),\mu_{ij},\sigma^2 \text{ 未知,各 } \varepsilon_{ij} \text{ 相互独立} \end{cases} \tag{8.10}$$

引入记号

$$\mu = \frac{1}{rs} \sum_{i=1}^{r} \sum_{j=1}^{s} \mu_{ij};$$

$$\mu_{i\cdot} = \frac{1}{s} \sum_{j=1}^{s} \mu_{ij}, \quad i = 1, 2, \cdots, r;$$

$$\mu_{\cdot j} = \frac{1}{r} \sum_{i=1}^{r} \mu_{ij}, \quad j = 1, 2, \cdots, s;$$

$$a_i = \mu_{i\cdot} - \mu, \quad i = 1, 2, \cdots, r;$$

$$b_j = \mu_{\cdot j} - \mu, \quad j = 1, 2, \cdots, s.$$

易见 $\sum_{i=1}^{r} a_i = 0, \sum_{j=1}^{s} b_j = 0$. 称 μ 为**总平均**, 称 a_i 为水平 A_i 的**效应**, 称 b_j 为水平 B_j 的**效应**, 且 $\mu_{ij} = \mu + a_i + b_j$.

于是上述模型进一步可写成

$$\begin{cases} X_{ij} = \mu + a_i + b_j + \varepsilon_{ij}, & i = 1, 2, \cdots, r; \quad j = 1, 2, \cdots, s \\ \varepsilon_{ij} \sim N(0, \sigma^2), \mu_{ij}, \sigma^2 \text{ 未知}, \text{各 } \varepsilon_{ij} \text{ 相互独立} \\ \sum_{i=1}^{r} a_i = 0, \sum_{j=1}^{s} b_j = 0 \end{cases} \quad (8.11)$$

检验假设

$$\begin{cases} H_{0A}: a_1 = a_2 = \cdots = a_r = 0 \\ H_{1A}: a_1, a_2, \cdots, a_r \text{ 不全为零} \end{cases}, \quad (8.12)$$

$$\begin{cases} H_{0B}: b_1 = b_2 = \cdots = b_s = 0 \\ H_{1B}: b_1, b_2, \cdots, b_s \text{ 不全为零} \end{cases}. \quad (8.13)$$

若 H_{0A} (或 H_{0B}) 成立, 则认为因素 A (或 B) 的影响不显著, 否则认为影响显著.

2. 偏差平方和及其分解

类似于单因素方差分析, 需要将总偏差平方和进行分解. 记

$$\overline{X} = \frac{1}{rs} \sum_{i=1}^{r} \sum_{j=1}^{s} X_{ij},$$

$$\overline{X}_{i\cdot} = \frac{1}{s} \sum_{j=1}^{s} X_{ij}, \quad i = 1, 2, \cdots, r,$$

$$\overline{X}_{\cdot j} = \frac{1}{r} \sum_{i=1}^{r} X_{ij}, \quad j = 1, 2, \cdots, s.$$

将总偏差平方和进行分解

$$S_T = \sum_{i=1}^{r} \sum_{j=1}^{s} (X_{ij} - \overline{X})^2$$

$$= \sum_{i=1}^{r} \sum_{j=1}^{s} [(\overline{X}_{i\cdot} - \overline{X}) + (\overline{X}_{\cdot j} - \overline{X}) + (X_{ij} - \overline{X}_{i\cdot} - \overline{X}_{\cdot j} + \overline{X})]^2.$$

由于在 S_T 的展式中三个交叉项的乘积都等于零,故有

$$S_T = S_A + S_B + S_E.$$

其中

$$S_A = \sum_{i=1}^{r} \sum_{j=1}^{s} (\overline{X}_{i\cdot} - \overline{X})^2 = s \sum_{i=1}^{r} (\overline{X}_{i\cdot} - \overline{X})^2 ;$$

$$S_B = \sum_{i=1}^{r} \sum_{j=1}^{s} (\overline{X}_{\cdot j} - \overline{X})^2 = r \sum_{j=1}^{s} (\overline{X}_{\cdot j} - \overline{X})^2 ;$$

$$S_E = \sum_{i=1}^{r} \sum_{j=1}^{s} (X_{ij} - \overline{X}_{i\cdot} - \overline{X}_{\cdot j} + \overline{X})^2. \tag{8.14}$$

我们称 S_E 为误差平方和,只与实验误差有关系;分别称 S_A, S_B 为因素 A、因素 B 的偏差平方和,它们分别与对应的因素 A、因素 B 的效应以及误差有关.

类似地,可以证明当 H_{0A}、H_{0B} 成立时,有下面的定理:

定理 8.3

(1) $\dfrac{S_E}{\sigma^2} \sim \chi^2((r-1)(s-1))$;

(2) $\dfrac{S_A}{\sigma^2} \sim \chi^2(r-1)$;

(3) $\dfrac{S_B}{\sigma^2} \sim \chi^2(s-1)$;

(4) $\dfrac{S_T}{\sigma^2} \sim \chi^2(rs-1)$;

(5) S_T, S_A, S_B, S_E 相互独立.

证明　略.

3. 检验方法

当 H_{0A} 为真时,可以证明

$$F_A = \frac{\dfrac{S_A}{r-1}}{\dfrac{S_E}{(r-1)(s-1)}} \sim F(r-1, (r-1)(s-1)).$$

取显著性水平为 α,得假设 H_{0A} 的拒绝域为

$$F_A = \frac{\dfrac{S_A}{r-1}}{\dfrac{S_E}{(r-1)(s-1)}} \geqslant F_\alpha(r-1, (r-1)(s-1)).$$

类似地,当 H_{0B} 为真时,可以证明

$$F_B = \frac{\dfrac{S_B}{s-1}}{\dfrac{S_E}{(r-1)(s-1)}} \sim F(s-1,(r-1)(s-1)).$$

取显著性水平为 α,得假设 H_{0B} 的拒绝域为

$$F_B = \frac{\dfrac{S_B}{s-1}}{\dfrac{S_E}{(r-1)(s-1)}} \geqslant F_\alpha(s-1,(r-1)(s-1)).$$

将上面的结果写成如表 8-8 所示的方差分析表.

表 8-8　无重复试验双因素方差分析表

方差来源	平方和	自由度	均方和	F
因素 A	S_A	$r-1$	$\overline{S}_A = \dfrac{S_A}{(r-1)}$	$F_A = \overline{S}_B/\overline{S}_E$
因素 B	S_B	$s-1$	$\overline{S}_B = \dfrac{S_B}{(s-1)}$	$F_B = \overline{S}_B/\overline{S}_E$
误差	S_E	$(r-1)(s-1)$	$\overline{S}_E = \dfrac{S_E}{(r-1)(s-1)}$	
总和	S_T	$rs-1$		

令　$T = \displaystyle\sum_{i=1}^{r}\sum_{j=1}^{s} X_{ij},\quad X_{i.} = \sum_{j=1}^{s} X_{ij},\quad i=1,2,\cdots,r,$

$$X_{.j} = \sum_{i=1}^{r} X_{ij},\quad j=1,2,\cdots,s.$$

得计算 S_T,S_A,S_B,S_E 的简便公式

$$S_T = \sum_{i=1}^{r}\sum_{j=1}^{s} X_{ij}^2 - \frac{T^2}{rs};\quad S_A = \frac{1}{s}\sum_{i=1}^{r} X_{i.}^2 - \frac{T^2}{rs};$$

$$S_B = \frac{1}{r}\sum_{j=1}^{s} X_{.j}^2 - \frac{T^2}{rs};$$

$$S_E = S_T - S_A - S_B.$$

8.2.2　等重复试验双因素方差分析

设因素 A 有 r 个水平 $A_1,A_2,\cdots,A_r$,因素 B 有 s 个水平 $B_1,B_2,\cdots,B_s$,数量指标在水平组合 A_iB_j 下的全体构成的总体为 $X_{ij} \sim N(\mu_{ij},\sigma^2)$,　$i=1,2,\cdots,r$;　$j=1,2,\cdots,s$. 在水平组合 A_iB_j 下进行 t 次独立重复实验,得到来自总体 X_{ij} 的样本 $X_{ijk},k=1,2,\cdots,t(t\geqslant 2)$,　$i=1,2,\cdots,r$,　$j=1,2,\cdots,s$. 将此试验结果 X_{ijk} 列为表 8-9.

表 8-9

	B_1	B_2	$\cdots$	B_s
A_1	$X_{111},X_{112},\cdots,X_{11t}$	$X_{121},X_{122},\cdots,X_{12t}$	$\cdots$	$X_{1s1},X_{1s2},\cdots,X_{1st}$
A_2	$X_{211},X_{212},\cdots,X_{21t}$	$X_{221},X_{222},\cdots,X_{22t}$	$\cdots$	$X_{2s1},X_{2s2},\cdots,X_{2st}$
$\vdots$	$\vdots$	$\vdots$		$\vdots$
A_r	$X_{r11},X_{r12},\cdots,X_{r1t}$	$X_{r21},X_{r22},\cdots,X_{r2t}$	$\cdots$	$X_{rs1},X_{rs2},\cdots,X_{rst}$

1. 前提假设

（1）$X_{ijk} \sim N(\mu_{ij},\sigma^2)$，$\mu_{ij}$，$\sigma^2$ 未知，$i=1,2,\cdots,r$；　$j=1,2,\cdots,s$；$k=1,2,\cdots,t$；

（2）各 X_{ijk} 相互独立，$i=1,2,\cdots,r$；　$j=1,2,\cdots,s$；　$k=1,2,\cdots,t$.

由假设有 $X_{ijk} \sim N(\mu_{ij},\sigma^2)$（$\mu_{ij}$ 和 σ^2 未知），记 $X_{ijk}=\mu_{ij}+\varepsilon_{ijk}$，即有 $\varepsilon_{ijk} \sim N(0,\sigma^2)$，故 $X_{ijk}-\mu_{ij}$ 可视为随机误差，从而得到如下数学模型

$$\begin{cases} X_{ijk}=\mu_{ij}+\varepsilon_{ijk} \\ \varepsilon_{ijk} \sim N(0,\sigma^2) \quad i=1,2,\cdots,r;\quad j=1,2,\cdots,s;\quad k=1,2,\cdots,t \\ \text{各 } \varepsilon_{ijk} \text{ 相互独立} \end{cases} \tag{8.15}$$

引入记号

$$\mu=\frac{1}{rs}\sum_{i=1}^{r}\sum_{j=1}^{s}\mu_{ij},$$

$$\mu_{i\cdot}=\frac{1}{s}\sum_{j=1}^{s}\mu_{ij},\quad i=1,2,\cdots,r,$$

$$\mu_{\cdot j}=\frac{1}{r}\sum_{i=1}^{r}\mu_{ij},\quad j=1,2,\cdots,s,$$

$$a_i=\mu_{i\cdot}-\mu,\quad i=1,2,\cdots,r,\quad b_j=\mu_{\cdot j}-\mu,\quad j=1,2,\cdots,s,$$
$$(ab)_{ij}=\mu_{ij}-\mu-a_i-b_j,\quad i=1,2,\cdots,r;\quad j=1,2,\cdots,s.$$

易见

$$\sum_{i=1}^{r}a_i=0,\quad \sum_{j=1}^{s}b_j=0,\quad \sum_{i=1}^{r}(ab)_{ij}=0,\quad \sum_{j=1}^{s}(ab)_{ij}=0.$$

称 μ 为**总平均**，称 a_i 为水平 A_i 的**效应**，称 b_j 为水平 B_j 的**效应**，$(ab)_{ij}$ 为水平 A_i 与 B_j 的**交互效应**，且 $a_i+b_j+(ab)_{ij}$ 为水平 A_i 与 B_j 的**总效应**，$i=1,2,\cdots,r$；　$j=1,2,\cdots,s$.

上述数学模型可改写为

$$\begin{cases} X_{ijk} = \mu + a_i + b_j + \varepsilon_{ijk} \\ \varepsilon_{ijk} \sim N(0,\sigma^2), \quad i = 1,2,\cdots,r; \quad j = 1,2,\cdots,s; \quad k = 1,2,\cdots,t, \\ \text{各 } \varepsilon_{ijk} \text{ 相互独立} \\ \sum_{i=1}^{r} a_i = 0, \sum_{j=1}^{s} b_j = 0, \sum_{i=1}^{r} (ab)_{ij} = 0, \sum_{j=1}^{s} (ab)_{ij} = 0 \end{cases} \tag{8.16}$$

其中 $\mu, a_i, b_j, (ab)_{ij}$ 及 σ^2 都是未知参数. 如果所有的 $(ab)_{ij} = 0$, 则 A 与 B 之间不存在交互作用, 如果 $(ab)_{ij}$ 不全为零, 则 A 与 B 之间存在交互作用.

检验假设为

(1) $\begin{cases} H_{0A} : a_1 = a_2 = \cdots = a_r = 0 \\ H_{1A} : a_1, a_2, \cdots, a_r \text{ 不全为零} \end{cases}$; $\tag{8.17}$

(2) $\begin{cases} H_{0B} : b_1 = b_2 = \cdots = b_s = 0 \\ H_{1B} : b_1, b_2, \cdots, b_s \text{ 不全为零} \end{cases}$; $\tag{8.18}$

(3) $\begin{cases} H_{0A \times B} : (ab)_{ij} = 0, \quad i = 1,2,\cdots,r; \quad j = 1,2,\cdots,s \\ H_{1A \times B} : (ab)_{ij} \text{ 不全为 0}, \quad i = 1,2,\cdots,r; \quad j = 1,2,\cdots,s \end{cases}$. $\tag{8.19}$

2. 偏差平方和及其分解

引入记号:

$\overline{X} = \dfrac{1}{rst} \sum\limits_{i=1}^{r} \sum\limits_{j=1}^{s} \sum\limits_{k=1}^{t} X_{ijk}$ 为所有的样本均值;

$\overline{X}_{ij.} = \dfrac{1}{t} \sum\limits_{k=1}^{t} X_{ijk}, \quad i = 1,2,\cdots,r; \quad j = 1,2,\cdots,s$ 为水平组合 $A_i B_j$ 下的样本均值;

$\overline{X}_{i..} = \dfrac{1}{st} \sum\limits_{j=1}^{s} \sum\limits_{k=1}^{t} X_{ijk}, \quad i = 1,2,\cdots,r$ 为水平 A_i 下的样本均值;

$\overline{X}_{.j.} = \dfrac{1}{rt} \sum\limits_{i=1}^{r} \sum\limits_{k=1}^{t} X_{ijk}, \quad j = 1,2,\cdots,s$ 为水平 B_j 下的样本均值.

称总偏差平方和为

$$S_T = \sum_{i=1}^{r} \sum_{j=1}^{s} \sum_{k=1}^{t} (X_{ijk} - \overline{X})^2.$$

令

$$S_E = \sum_{i=1}^{r} \sum_{j=1}^{s} \sum_{k=1}^{t} (X_{ijk} - \overline{X}_{ij.})^2,$$

$$S_A = st \sum_{i=1}^{r} (\overline{X}_{i..} - \overline{X})^2,$$

$$S_B = rt \sum_{j=1}^{s} (\overline{X}_{.j.} - \overline{X})^2,$$

$$S_{A \times B} = t \sum_{i=1}^{r} \sum_{j=1}^{s} (\overline{X}_{ij.} - \overline{X}_{i..} - \overline{X}_{.j.} + \overline{X})^2.$$

则可以得到
$$S_T = S_E + S_A + S_B + S_{A \times B}. \tag{2.13}$$

同样,我们仍将 S_E 称为**误差平方和**,S_A,S_B 分别称为**因素 A、因素 B 的偏差平方和**,$S_{A \times B}$ 称为 **A,B 交互偏差平方和**.

类似地,可以证明当 H_{0A}、H_{0B}、$H_{0A \times B}$ 成立时,有:

(1) $\dfrac{S_T}{\sigma^2} \sim \chi^2(rst - 1)$;

(2) $\dfrac{S_A}{\sigma^2} \sim \chi^2(r - 1)$;

(3) $\dfrac{S_B}{\sigma^2} \sim \chi^2(s - 1)$;

(4) $\dfrac{S_{A \times B}}{\sigma^2} \sim \chi^2((r-1)(s-1))$;

(5) $\dfrac{S_E}{\sigma^2} \sim \chi^2(rs(t - 1))$;

(6) S_T,S_A,S_B,$S_{A \times B}$,S_E 相互独立.

3. 检验方法

当 H_{0A} 为真时,可以证明

$$F_A = \frac{\dfrac{S_A}{r - 1}}{\dfrac{S_E}{rs(t - 1)}} \sim F(r - 1, rs(t - 1));$$

取显著性水平为 α,得假设 H_{0A} 的拒绝域为

$$F_A = \frac{\dfrac{S_A}{r - 1}}{\dfrac{S_E}{rs(t - 1)}} \geqslant F_\alpha(r - 1, rs(t - 1));$$

类似地,当 H_{0B} 为真时,可以证明

$$F_B = \frac{\dfrac{S_B}{s - 1}}{\dfrac{S_E}{rs(t - 1)}} \sim F(s - 1, rs(t - 1));$$

取显著性水平为 α,得假设 H_{0B} 的拒绝域为

$$F_B = \frac{\dfrac{S_B}{s - 1}}{\dfrac{S_E}{rs(t - 1)}} \geqslant F_\alpha(s - 1, rs(t - 1));$$

类似地,当 $H_{0A \times B}$ 为真时,可以证明

$$F_{A\times B} = \frac{\dfrac{S_{A\times B}}{(r-1)(s-1)}}{\dfrac{S_E}{(rs(t-1))}} \sim F((r-1)(s-1),rs(t-1));$$

取显著性水平为 α，得假设 $H_{0A\times B}$ 的拒绝域为

$$F_{A\times B} = \frac{\dfrac{S_{A\times B}}{(r-1)(s-1)}}{\dfrac{S_E}{rs(t-1)}} \geqslant F_{\alpha}((r-1)(s-1),rs(t-1)).$$

可得如表 8-10 所示的差分析表.

表 8-10　有重复试验双因素方差分析表

方差来源	平方和	自由度	均方和	F
因素 A	S_A	$r-1$	$\overline{S}_A = \dfrac{S_A}{r-1}$	$F_A = \dfrac{\overline{S}_A}{\overline{S}_E}$
因素 B	S_B	$s-1$	$\overline{S}_B = \dfrac{S_B}{s-1}$	$F_B = \dfrac{\overline{S}_B}{\overline{S}_E}$
交互作用	$S_{A\times B}$	$(r-1)(s-1)$	$\overline{S}_{A\times B} = \dfrac{S_{A\times B}}{(r-1)(s-1)}$	$F_{A\times B} = \dfrac{\overline{S}_{A\times B}}{\overline{S}_E}$
误差	S_E	$rs(t-1)$	$\overline{S}_E = \dfrac{S_E}{rs(t-1)}$	
总和	S_T	$rst-1$		

计算 $S_T,S_A,S_B,S_{A\times B},S_E$ 的简便公式

$$令 T = \sum_{i=1}^{r}\sum_{j=1}^{s}\sum_{k=1}^{t}X_{ijk}; \quad X_{ij\cdot} = \sum_{k=1}^{t}X_{ijk}, \quad i=1,2,\cdots,r; \quad j=1,2,\cdots,s,$$

$$X_{i\cdot\cdot} = \sum_{j=1}^{s}\sum_{k=1}^{t}X_{ijk}, i=1,2,\cdots,r; \quad X_{\cdot j\cdot} = \sum_{i=1}^{r}\sum_{k=1}^{t}X_{ijk}, \quad j=1,2,\cdots,s.$$

有

$$S_T = \sum_{i=1}^{r}\sum_{j=1}^{s}\sum_{k=1}^{t}X_{ijk}^2 - \frac{T^2}{rst};$$

$$S_A = \frac{1}{st}\sum_{i=1}^{r}X_{i\cdot\cdot}^2 - \frac{T^2}{rst};$$

$$S_B = \frac{1}{rt}\sum_{j=1}^{s}X_{\cdot j\cdot}^2 - \frac{T^2}{rst};$$

$$S_{A\times B} = \frac{1}{t}\sum_{i=1}^{r}\sum_{j=1}^{s}X_{ij\cdot}^2 - \frac{T^2}{rst} - S_A - S_B;$$

$$S_E = S_T - S_A - S_B - S_{A\times B}.$$

【例 1】　下面给出了在 5 个不同地点,不同时间空气中的颗粒状物(以 mg/m^3 计) 的含量的数据:

因素 B(地点) 因素 A(时间)	1	2	3	4	5
2010 年 1 月	76	67	81	56	51
2010 年 4 月	82	69	96	59	70
2010 年 9 月	68	59	67	54	42
2010 年 12 月	63	56	64	58	37

试在显著性水平 $\alpha = 0.05$ 下检验:在不同时间下的颗粒状物含量的均值有无显著差异?在不同地点下的颗粒状物含量的均值有无显著差异?

解 根据题中的条件及检验假设公式(2.5),(2.6).

1、4、9、12 月份对应的 $T_{i.}$ 的值依次为 331、376、290、278.

1 ~ 5 个地点对应的 $T_{.j}$ 的值依次为 289,251,308,227,200.

根据(2.7),有 $S_T = 3571.75$, $S_A = 1182.95$, $S_B = 1947.50$, $S_E = 441.30$. 得方差分析表 8-11.

表 8-11

方差来源	平方和	自由度	均方	F
因素 A	$S_A = 1182.95$	3	394.32	10.72
因素 B	$S_B = 1947.50$	4	486.88	13.24
误差	$S_E = 441.30$	12	36.78	
总和	$S_T = 3571.75$	19		

由于 $F_{0.05}(3,12) = 3.49 < 10.72$, $F_{0.05}(4,12) = 3.26 < 13.24$,故拒绝 H_{0A}, H_{0B},即认为时间和地点对颗粒状物的含量均影响显著.

【例2】 在某种金属材料的生产过程中,对热处理温度(因素 B)与时间(因素 A)各取两个水平,产品强度的测定结果(相对值)如表 8-12 所示.在同一条件下每个实验重复两次,设各水平搭配下强度的总体服从正态分布且方差相同.各样本独立.问热处理温度,时间以及这两者的交互作用对产品强度是否有显著的影响($\alpha = 0.05$)?

表 8-12

A \ B	B_1	B_2	$T_i..$
A_1	38.0 38.6	47.0 44.8	168.4
A_2	45.0 43.8	42.4 40.8	172
$T_{.j.}$	165.4	175	340.4

解 由题意检验假设(2.10),(2.11),(2.12)计算得:$S_T = 71.82$, $S_A = 1.62$, $S_B = 11.52$, $S_{A×B} = 54.08$, $S_E = S_T - S_A - S_B - S_{A×B} = 4.6$.

得方差分析表 8-13.

表 8-13

方差来源	平方和	自由度	均方和	F
因素 A	1.62	1	1.62	1.4
因素 B	11.52	1	11.52	10.0
交互作用	54.08	1	54.08	47.0
误差	4.6	4	1.15	
总和	71.82	7		

由于 $F_{0.05}(1,4) = 7.71$,故认为时间对强度的影响不显著,而温度对强度的影响显著,交互作用的影响显著.

习 题 8

1.某实验用来比较 4 种不同药品解除手术后疼痛延续时间(h),结果如下:

药品	时间长度(h)				
甲	8	6	4	2	
乙	6	6	4	4	
丙	8	10	10	10	12
丁	4	4	2		

试在显著性水平 $\alpha = 0.05$ 下检验各种药品对解除疼痛的延续时间有无显著差异,假设疼痛的延续时间服从等方差的正态分布.

2. 三位教师对同一个班的概率试卷评分,分数如下:

教师	分数												
甲	73	89	82	43	80	77	73	60	95	47	65	62	
乙	74	77	50	78	80	96	76	65	85	54	91	48	78	88
丙	15	53	61	87	72	55	68	80	93	71	42	68	79

在显著性水平 $\alpha = 0.05$ 下,假设每位教师评分服从同方差的正态分布,试分析三位教师给出的平均分数有无显著差异?

3. 有某种型号的电池三批,分别由 A、B、C 三个工厂生产,为评比质量,各随机地抽取 5 只作为样品,经试验测得其寿命(h)如下:

工厂	寿命(h)				
A	40	42	38	45	48
B	30	26	34	32	28
C	50	50	43	39	40

试在显著性水平 $\alpha = 0.05$ 下检验电池的平均寿命有无显著的差异. 如果有,试求均值差 $\mu_A - \mu_B, \mu_A - \mu_C, \mu_B - \mu_C$ 在置信水平为 95% 的置信区间.

4. 为研究某种钢管的防腐蚀功能,考虑四种不同的涂料涂层. 将钢管埋在三种不同性质的土壤中,过一段时间测试的钢管腐蚀的最大深度如下(mm):

土壤因素 B \ 涂层因素 A	1	2	3
1	1.63	1.35	1.27
2	1.34	1.30	1.22
3	1.19	1.14	1.27
4	1.30	1.09	1.32

假设两因素之间没有交互作用效应,试在显著性水平 $\alpha = 0.05$ 下检验不同涂层腐蚀的最大深度的平均值有无差异,在不同土壤下腐蚀的最大深度的平均值有无显著差异?

5. 下表给出某化工过程在三种浓度、四种温度水平下概率的数据：

温度因素 B　浓度因素 A	10℃	24℃	38℃	52℃
2%	14　10	11　11	13　9	10　12
4%	9　7	10　8	7　11	6　10
6%	5　11	13　14	12　13	14　10

试在显著性水平 $\alpha = 0.05$ 下检验：在不同浓度下概率的均值是否有显著差异，在不同温度下概率的均值是否有显著差异，交互作用的效应是否显著？

第9章

一元回归分析

"回归"是由英国著名生物学家兼统计学家高尔顿（Galton）在研究人类遗传问题时提出来的.为了研究父母平均身高与子代身高的关系,高尔顿搜集了 1078 对父母平均身高及其儿子的身高数据.

用 x 表示父母平均身高,y 表示成年儿子的身高,将 (x,y) 点描在平面直角坐标系中,发现这 1078 个点基本在一条直线附近,并求出了该直线的方程（单位:cm）

$$y = 85.67 + 0.516x.$$

这表明:

（1）父母平均身高每增加 1cm,其儿子的身高平均增加 0.516 个单位;

（2）高个子父母有生高个子儿子的趋势,但是高个子父母的儿子的平均身高要低于父母的平均身高.例如 $x = 180$,那么 $y = 178.55$,低于父母的平均高度;

（3）低个子父母有生低个子儿子的趋势,但是低个子父母的儿子的平均身高要高于父母的平均身高.例如 $x = 160$,那么 $y = 168.23$,高于父母的平均高度.

这便是子代的平均身高有向中心（整个人群的平均身高比如 173）回归的意思,使得一段时间内人的平均身高相对稳定,之后回归分析的思想渗透到了数理统计的一些分支中.

回归分析处理的是变量与变量间的关系.而变量之间的关系,一般可分为确定的和非确定的两类.确定性关系可用函数关系 $y = f(x)$ 表示,当 x 给定后,y 的值就唯一确定了.例如正方形的面积 S 与边长 a 之间有关系:$S = a^2$.而非确定性关系则不然.例如,人的身高和体重的关系、人的血压和年龄的关系、某产品的广告投入与销售额间的关系等,它们之间是有关联的,但是它们之间的关系又不能用普通函数来表示.再具体些,人的脚掌长度 x 与身高 y,两者之间也有关系,一般来讲,脚掌长的人身高也较高,但是同样脚掌长度的人的身高可以是不同的,公安机关在破案时,常常根据案犯留下的脚印来推测罪犯的身高,这两个变量虽然不具有确定的函数关系,但是可以借助函数关系来表示它们之间的统计规律,这种近似地表示它们之间关系的函数被称为**回归函数**.寻找这种函数关系式就是回归分析的主要任务.

在实际中最简单的情形是由两个变量组成的关系.考虑用下列模型表示 $Y =$

$f(x)$.但是,由于两个变量之间不存在确定的函数关系,因此必须把随机误差 ε 考虑进去,故引入模型如下

$$Y = f(x) + \varepsilon.$$

其中 x 是自变量,其值是可以控制或者精确测量的,所以认为它是非随机变量;随机误差 ε 是随机变量,一般假设 $\varepsilon \sim N(0, \sigma^2)$,由于 ε 的随机性,导致 Y 是随机变量.

回归分析就是根据已知的试验结果以及以往的经验来建立统计模型,并研究变量间的相关关系,建立起变量之间关系的近似表达式,即经验公式,并由此对相应的变量进行预测和控制等.

本章主要介绍一元线性回归的建模思想、最小二乘估计及其性质、回归方程的有关检验、预测和控制的理论及应用.

9.1 一元线性回归分析

9.1.1 一元线性回归模型

为了研究 y 与 x 之间的关系,首先就要收集数据,下面通过一个例子来说明.

引例 在研究我国人均消费水平的问题时,把全国人均消费记为 y,把人均国内生产总值(人均 GDP)记为 x,如表 9-1 所示,问两者之间存在什么样关系.

表 9-1 我国人均国内生产总值与人均消费金额数据 单位:元

年份	人均国内生产总值	人均消费金额
1995	4854	2236
1996	5576	2641
1997	6054	2834
1998	6308	2972
1999	6551	3138
2000	7086	3397
2001	7651	3609
2002	8214	3818
2003	9101	4089

通常将数据记为 (x_i, y_i), $i = 1, 2, \cdots, n$,本例 $n = 9$.为了直观起见,可将这 n 对数据作为平面直角坐标系中 n 个点,将它们放入 xOy 平面上得到一张"散点图".本例的散点图如图 9-1 所示.

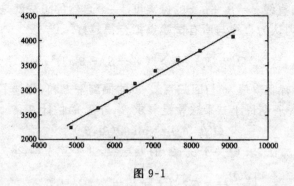

图 9-1

观察 n 个点在图中的散布情况,发现本例中的 9 个点散布在某直线 L 附近,具有某种线性关系.

一般地,当随机变量 Y 与普通变量 x 之间有线性关系时,可设

$$Y = \beta_0 + \beta_1 x + \varepsilon, \tag{9.1}$$

$\varepsilon \sim N(0, \sigma^2)$,其中 β_0, β_1 为待定系数.

设 $(x_1, Y_1), (x_2, Y_2), \cdots, (x_n, Y_n)$ 是取自总体 (x, Y) 的一组样本,而 $(x_1, y_1),$ $(x_2, y_2), \cdots, (x_n, y_n)$ 是该样本的观察值,在样本和它的观察值中的 $x_1, x_2, \cdots, x_n$ 是取定的不完全相同的数值,而样本中的 $Y_1, Y_2, \cdots, Y_n$ 在试验前为随机变量,在试验或观测后是具体的数值,一次抽样的结果可以取得 n 对数据 $(x_1, y_1), (x_2, y_2),$ $\cdots, (x_n, y_n)$,则有

$$y_i = \beta_0 + \beta_1 x_i + \varepsilon_i, \quad i = 1, 2, \cdots, n. \tag{9.2}$$

其中 $\varepsilon_1, \varepsilon_2, \cdots, \varepsilon_n$ 相互独立. 在线性模型中,由假设知

$$Y \sim N(\beta_0 + \beta_1 x, \sigma^2), \quad E(Y) = \beta_0 + \beta_1 x, \tag{9.3}$$

回归分析就是根据样本观察值寻求 β_0, β_1 的估计 $\hat{\beta}_0, \hat{\beta}_1$.

对于给定 x 值,取

$$\hat{Y} = \hat{\beta}_0 + \hat{\beta}_1 x \tag{9.4}$$

作为 $E(Y) = \beta_0 + \beta_1 x$ 的估计,方程 (9.4) 称为 Y 关于 x 的**线性回归方程**或经验公式,其图像称为**回归直线**,$\hat{\beta}_0, \hat{\beta}_1$ 称为**回归系数**.

9.1.2 回归系数的最小二乘估计

对样本的一组观察值 $(x_1, y_1), (x_2, y_2), \cdots, (x_n, y_n)$,对每个 x_i,由线性回归方程 (9.4) 可以确定一回归值

$$\hat{y}_i = \hat{\beta}_0 + \hat{\beta}_1 x_i.$$

这个回归值 $\hat{y}_i$ 与实际观察值 y_i 之差

$$y_i - \hat{y}_i = y_i - \hat{\beta}_0 + \hat{\beta}_1 x_i$$

刻画了 y_i 与回归直线 $\hat{y} = \hat{\beta}_0 + \hat{\beta}_1 x$ 的偏离度. 一个自然的想法就是:对所有 x_i,y_i 与 $\hat{y}_i$ 的偏离越小,则认为直线与所有试验点拟合得越好.

令
$$Q(\beta_0, \beta_1) = \sum_{i=1}^{n} (y_i - \beta_0 - \beta_1 x_i)^2,$$

上式表示所有观察值 y_i 与回归直线 $\hat{y}_i$ 的偏离平方和,刻画了所有观察值与回归直线的偏离度. 所谓最小二乘法就是寻求 β_0 与 β_1 的估计 $\hat{\beta}_0$,$\hat{\beta}_1$,使
$$Q(\hat{\beta}_0, \hat{\beta}_1) = \min Q(\beta_0, \beta_1).$$

利用微分的方法,求 Q 关于 β_0,β_1 的偏导数,并令其为零,得
$$\begin{cases} \dfrac{\partial Q}{\partial \beta_0} = -2 \sum_{i=1}^{n} (y_i - \beta_0 - \beta_1 x_i) = 0 \\ \dfrac{\partial Q}{\partial \beta_1} = -2 \sum_{i=1}^{n} (y_i - \beta_0 - \beta_1 x_i) x_i = 0 \end{cases},$$

整理得
$$\begin{cases} n\beta_0 + \left(\sum\limits_{i=1}^{n} x_i \right)\beta_1 = \sum\limits_{i=1}^{n} y_i \\ \left(\sum\limits_{i=1}^{n} x_i \right)\beta_0 + \left(\sum\limits_{i=1}^{n} x_i^2 \right)\beta_1 = \sum\limits_{i=1}^{n} x_i y_i \end{cases},$$

称此为**正规方程组**,解正规方程组得
$$\begin{cases} \hat{\beta}_0 = \bar{y} - \bar{x}\hat{\beta}_1 \\ \hat{\beta}_1 = \dfrac{\sum\limits_{i=1}^{n} x_i y_i - n\bar{x}\bar{y}}{\sum\limits_{i=1}^{n} x_i^2 - n\bar{x}^2} \end{cases} \tag{9.5}$$

其中 $\bar{x} = \dfrac{1}{n} \sum\limits_{i=1}^{n} x_i$,$\bar{y} = \dfrac{1}{n} \sum\limits_{i=1}^{n} y_i$.

若记
$$L_{xy} \overset{\Delta}{=} \sum_{i=1}^{n} (x_i - \bar{x})(y_i - \bar{y}) = \sum_{i=1}^{n} x_i y_i - n\bar{x}\bar{y},$$

$$L_{xx} \overset{\Delta}{=} \sum_{i=1}^{n} (x_i - \bar{x})^2 = \sum_{i=1}^{n} x_i^2 - n\bar{x}^2.$$

则
$$\begin{cases} \hat{\beta}_0 = \bar{y} - \hat{\beta}_1 \bar{x} \\ \hat{\beta}_1 = \dfrac{L_{xy}}{L_{xx}} \end{cases} \tag{9.6}$$

式(9.5)或式(9.6)称为 β_0,β_1 的**最小二乘估计**,也常简记为 LSE. 而
$$\hat{y} = \hat{\beta}_0 + \hat{\beta}_1 x$$

为 Y 关于 x 的一元线性回归方程.

从上面的推导可以看出 $\hat{\beta}_0$,$\hat{\beta}_1$ 的最小二乘估计可按照如下步骤进行:

(1) 计算 $\sum_{i=1}^{n} x_i$，$\sum_{i=1}^{n} y_i$，$\bar{x}$，$\bar{y}$，$\sum_{i=1}^{n} x_i^2$，$\sum_{i=1}^{n} x_i y_i$；

(2) 计算 L_{xx}，L_{xy}；

(3) 按照式 (9.6) 求出 $\hat{\beta}_0$，$\hat{\beta}_1$，并写出回归方程 $\hat{y} = \hat{\beta}_0 + \hat{\beta}_1 x$．

引例的计算常列成如表 9-2 所示的计算表格，其中

$$L_{yy} = \sum_{i=1}^{n} (y_i - \bar{y})^2 = \sum_{i=1}^{n} y_i^2 - n\bar{y}^2$$

是为了后面的需要而求的.

表 9-2　引例的计算表格

$\sum_{i=1}^{n} x_i = 61395$	$n = 9$	$\sum_{i=1}^{n} y_i = 28734$
$\bar{x} = 6821.67$		$\bar{y} = 3192.67$
$\sum_{i=1}^{n} x_i^2 = 433057667$	$\sum_{i=1}^{n} x_i y_i = 202299852$	$\sum_{i=1}^{n} y_i^2 = 94547496$
$L_{xx} = 14241442$	$L_{xy} = 6285781.5699$	$L_{yy} = 2809412$
	$\hat{\beta}_1 = \dfrac{L_{xy}}{L_{xx}} = 0.4414$	
	$\hat{\beta}_0 = \bar{y} - \hat{\beta}_1 \bar{x} = 181.5830$	
	故 $\hat{y} = 181.583 + 0.4414x$　　(9.7)	

从回归方程 (9.7) 可以看出，当人均国内生产总值增加 1 元时，人均消费金额增加 0.4414 元，这便是 $\hat{\beta}_1$ 的含义.

要注意：回归方程常有两种表示形式 $\hat{y} = \hat{\beta}_0 + \hat{\beta}_1 x = \bar{y} + \hat{\beta}_1 (x - \bar{x})$，这表明回归直线必过两点 $(0, \hat{\beta}_0)$，$(\bar{x}, \bar{y})$.

9.1.3　最小二乘估计的性质

定理 9.1　若 $\hat{\beta}_0$，$\hat{\beta}_1$ 为 β_0，β_1 的最小二乘估计，则 $\hat{\beta}_0$，$\hat{\beta}_1$ 分别是 β_0，β_1 的无偏估计，且

(1) $\hat{\beta}_0 \sim N\left(\beta_0, \sigma^2 \left(\dfrac{1}{n} + \dfrac{\bar{x}^2}{L_{xx}}\right)\right)$；

(2) $\hat{\beta}_1 \sim N\left(\beta_1, \dfrac{\sigma^2}{L_{xx}}\right)$；

(3) $\text{Cov}(\hat{\beta}_0, \hat{\beta}_1) = -\dfrac{\bar{x}}{L_{xx}} \sigma^2$.

证明 略.

9.1.4 回归方程的显著性检验

前面关于线性回归方程 $\hat{y} = \hat{\beta}_0 + \hat{\beta}_1 x$ 的讨论是在线性假设

$$Y = \beta_0 + \beta_1 x + \varepsilon, \varepsilon \sim N(0, \sigma^2)$$

下进行的. 这个线性回归方程是否有实用价值,首先要根据有关专业知识和实践来判断,其次还要根据实际观察得到的数据运用假设检验的方法来判断.

由线性回归模型 $Y = \beta_0 + \beta_1 x + \varepsilon, \varepsilon \sim N(0, \sigma^2)$ 可知,当 $\beta_1 = 0$ 时,就认为 Y 与 x 之间不存在线性回归关系,故需检验如下假设:

$$H_0 : \beta_1 = 0; \quad H_1 : \beta_1 \neq 0.$$

为了检验假设 H_0,先分析对样本观察值 $y_1, y_2, \cdots, y_n$ 的差异,它可以用总的偏差平方和来度量,记为

$$S_T = \sum_{i=1}^{n} (y_i - \bar{y})^2.$$

有

$$\begin{aligned}
S_T &= \sum_{i=1}^{n} (y_i - \hat{y}_i + \hat{y}_i - \bar{y})^2 \\
&= \sum_{i=1}^{n} (y_i - \hat{y}_i)^2 + 2\sum_{i=1}^{n} (y_i - \hat{y}_i)(\hat{y}_i - \bar{y}) + \sum_{i=1}^{n} (\hat{y}_i - \bar{y})^2 \\
&= \sum_{i=1}^{n} (y_i - \hat{y}_i)^2 + \sum_{i=1}^{n} (\hat{y}_i - \bar{y})^2.
\end{aligned}$$

令 $S_R = \sum_{i=1}^{n} (\hat{y}_i - \bar{y})^2, S_E = \sum_{i=1}^{n} (y_i - \hat{y}_i)^2$,则有

$$S_T = S_E + S_R.$$

上式称为总偏差平方和分解公式. S_R 称为回归平方和(regression sum of squares),它由普通变量 x 的变化引起的,它的大小(与误差相比)反映了普遍变量 x 的重要程度; S_E 称为剩余平方和(residual sum of squares),它是由试验误差以及其他未加控制因素引起的,它的大小反映了试验误差及其他因素对试验结果的影响. 两边同除以 S_T 得

$$\frac{S_E}{S_T} + \frac{S_R}{S_T} = 1. \tag{9.8}$$

显然,在总的偏差平方和中回归平方和所占的比重越大,则回归效果越好,说明回归直线与样本观察值拟合得越好;如果剩余平方和所占的比重大,则回归直线与样本观察值拟合得不理想. 把回归平方和与总偏差平方和之比定义为**可决系数**(coefficient of determination),又称判定系数,即:

$$R^2 = \frac{S_R}{S_T} = \frac{\sum (\hat{y}_i - \bar{y})^2}{\sum (y_i - \bar{y})^2}. \tag{9.9}$$

可决系数是对回归模型拟合程度的综合度量,可决系数越大,回归模型拟合程

度越高. R^2 表示全部偏差中有百分多少的偏差可由 x 与 y 的回归关系来解释. 可决系数具有非负性, 取值范围在 0 到 1 之间, 它是样本的函数, 是一个统计量. 等价地,

$1 - R^2 = \dfrac{S_E}{S_T}$ 也可以作为反映回归直线与样本观察值拟合好坏的一个指标, 不同于

可决系数的是: 其值越小, 说明回归方程的偏离度越小, 即回归方程的代表性好. 从表 9-2 可以计算得到 $R^2 = 0.9876$, 说明拟合很好.

关于 S_R 和 S_E, 有下面的性质:

定理 9.2　在线性模型假设下, 当 H_0 成立时, $\hat{\beta}_1$ 与 S_E 相互独立, 且

$$S_E/\sigma^2 \sim \chi^2(n-2), \quad S_R/\sigma^2 \sim \chi^2(1).$$

对 H_0 的检验有三种等价的检验方法:

(1) F-检验法; (2) t-检验法; (3) 相关系数检验法.

在介绍这些检验方法之前, 先给出 S_T, S_R, S_E 的计算方法.

$$S_T = \sum_{i=1}^{n}(y_i - \bar{y})^2 = \sum_{i=1}^{n} y_i^2 - n\bar{y}^2 = L_{yy},$$

$$S_R = \sum_{i=1}^{n}(\hat{y}_i - \bar{y})^2 = \sum_{i=1}^{n}[\hat{\beta}(x_i - \bar{x})]^2 = \hat{\beta}_1^2 L_{xx} = \hat{\beta}_1 L_{xy} = \frac{L_{xy}^2}{L_{xx}},$$

$$S_E = L_{yy} - \hat{\beta}_1 L_{xy} = S_T - S_R.$$

1. F-检验法

由定理 9.2, 当 H_0 为真时, 取统计量

$$F = \frac{S_R}{S_E/(n-2)} \sim F(1, n-2).$$

对给定显著性水平 α, 查表得 $F_\alpha(1, n-2)$, 根据试验数据 $(x_1, y_1), (x_2, y_2)$, $\cdots, (x_n, y_n)$ 计算 F 的值, 若 $F \geqslant F_\alpha(1, n-2)$ 时, 拒绝 H_0, 表明回归效果显著; 若 $F < F_\alpha(1, n-2)$ 时, 接受 H_0, 此时回归效果不显著.

2. t-检验法

由定理 9.1, $(\hat{\beta}_1 - \beta_1)/(\sigma/\sqrt{L_{xx}}) \sim N(0, 1)$, 若令 $\hat{\sigma}^2 = S_E/(n-2)$, 则由定理

9.2 知, $\hat{\sigma}^2$ 为 σ^2 的无偏估计, $\dfrac{(n-2)\hat{\sigma}^2}{\sigma^2} = \dfrac{S_E}{\sigma^2} \sim \chi^2(n-2)$, 且 $(\hat{\beta}_1 - \beta_1)/(\sigma/\sqrt{L_{xx}})$ 与

$(n-2)\hat{\sigma}^2/\sigma^2$ 相互独立.

故取检验统计量

$$t = \frac{\hat{\beta}_1}{\sigma}\sqrt{L_{xx}} \sim t(n-2),$$

对给定的显著性水平 α, 查表得 $t_{\frac{\alpha}{2}}(n-2)$, 根据试验数据 $(x_1, y_1), (x_2, y_2), \cdots,$ (x_n, y_n) 计算 T 的值 t. 当 $|t| \geqslant t_{\frac{\alpha}{2}}(n-2)$ 时, 拒绝 H_0, 这时回归效应显著; 当 $|t| < t_{\frac{\alpha}{2}}(n-2)$ 时, 接受 H_0, 此时回归效果不显著.

3. 相关系数检验法

相关系数的大小可以表示两个随机变量线性关系的密切程度. 对于线性回归

中的变量 x 与 Y,其样本的相关系数为

$$\rho = \frac{\sum_{i=1}^{n}(x_i - \bar{x})(Y_i - \bar{Y})}{\sqrt{\sum_{i=1}^{n}(x_i - \bar{x})^2 \sum_{i=1}^{n}(Y_i - \bar{Y})^2}} = \frac{L_{xy}}{\sqrt{L_{xx}}\sqrt{L_{yy}}},$$

它反映了普通变量 x 与随机变量 Y 之间的线性相关程度.故取检验统计量

$$r = \frac{L_{xy}}{\sqrt{L_{xx}}\sqrt{L_{yy}}}.$$

对给定的显著性水平 α,查相关系数表得 $r_\alpha(n)$,根据试验数据 $(x_1,y_1),(x_2,y_2)$, $\cdots,(x_n,y_n)$ 计算 R 的值,当 $|r| \geqslant r_\alpha(n)$ 时,拒绝 H_0,表明回归效果显著;当 $|r| < r_\alpha(n)$ 时,接受 H_0,表明回归效果不显著.

在这里本书只用 F -检验法进行计算,

$$S_T = L_{yy} = 2809412,$$

$$S_R = \frac{L_{xy}{}^2}{L_{xx}} = \frac{6285781.5699^2}{14241442} = 2774636.65,$$

$$S_E = L_{yy} - \hat{\beta}_1 L_{xy} = S_T - S_R = 34775.35.$$

对 $\alpha = 0.05$,$F_\alpha(1,n-2) = F_{0.05}(1,7) = 5.59$;因为 $F = 558.51 > F_\alpha(1,n-2)$,所以拒绝原假设 H_0,说明总体回归系数 $\beta_1 \neq 0$.

以上求统计量 F 值的过程一般列成如表 9-3 所示的方差分析表.

表 9-3 方差分析表

方差来源	平方和	自由度	均方	F 值
回归	2774636.65	1	2774636.65	
误差	34775.35	7	4967.91	558.51
总计	2809412	8		

最后需要指出,用 F 检验和 t 检验的过程中有 $F = t^2$.

9.1.5 预测问题

在回归问题中,若回归方程经检验效果显著,这时回归值与实际值就拟合得较好,因而可以利用回归方程预测.预测有两类,第一类是对因变量 Y 的新观察值 y_0 进行区间预测,第二类是给出 $E(y_0)$ 的估计值,也称为预测值.(注意,$y_0 = \beta_0 + \beta_1 x_0 + \varepsilon_0$ 是一个随机变量).

对于给定的 x_0,由回归方程可得到回归值

$$\hat{y}_0 = \hat{\beta}_0 + \hat{\beta}_1 x_0,$$

称 $\hat{y}_0$ 为 y 在 x_0 的**预测值**.y_0 与 $\hat{y}_0$ 之差称为**预测误差**.

在实际问题中,预测的真正意义就是在一定的显著性水平 α 下,寻找一个正数 $\delta(x_0)$,使得实际观察值 y_0 以 $1-\alpha$ 的概率落入区间 $(\hat{y}_0-\delta(x_0),\hat{y}_0+\delta(x_0))$ 内,即

$$P\{\mid y_0-\hat{y}_0\mid\leqslant\delta(x_0)\}=1-\alpha,$$

由于 $\hat{y}_0=\hat{\beta}_0+\hat{\beta}_1 x_0$,根据定理 9.1 知,

$$\hat{y}_0\sim N\left(\hat{\beta}_0+\hat{\beta}_1 x_0,\left[\frac{1}{n}+\frac{(x_0-\bar{x})^2}{L_{xx}}\right]\sigma^2\right),\tag{9.10}$$

所以

$$y_0-\hat{y}_0\sim N\left(0,\left[1+\frac{1}{n}+\frac{(x_0-\bar{x})^2}{L_{xx}}\right]\sigma^2\right),$$

又因 $y_0-\hat{y}_0$ 与 $\hat{\sigma}^2$ 相互独立,且

$$\frac{(n-2)\hat{\sigma}^2}{\sigma^2}\sim\chi^2(n-2),$$

所以

$$t=\frac{(y_0-\hat{y}_0)}{\left[\hat{\sigma}\sqrt{1+\frac{1}{n}+\frac{(x_0-\bar{x})^2}{L_{xx}}}\right]}\sim t(n-2),$$

故对给定的显著性水平 α,求得

$$\delta(x_0)=t_{\alpha/2}(n-1)\hat{\sigma}\sqrt{1+\frac{1}{n}+\frac{(x_0-\bar{x})^2}{L_{xx}}}.\tag{9.11}$$

故得 y_0 的置信度为 $1-\alpha$ 的预测区间为

$$(\hat{y}_0-\delta(x_0),\hat{y}_0+\delta(x_0)).$$

根据例 9.1 的资料,若 2004 年的人均 GDP 为 10 000 元,求人均消费的置信区间(置信度 95%).

将 $x_0=10\,000$ 代入回归方程得

$$\hat{y}_0=181.5830+0.4414\times 10\,000=4595.5830(元),$$

查表得 $t_{\alpha/2}(7)=2.365$,其他数据参见表 9.2,代入 (9.11) 得

$$\delta(x_0)=t_{\alpha/2}(n-2)\hat{\sigma}\sqrt{1+\frac{1}{n}+\frac{(x_0-\bar{x})^2}{L_{xx}}}$$

$$=2.365\times 70.4833\times\sqrt{1+\frac{1}{9}+\frac{(10\,000-6821.6667)^2}{14\,241\,442.00}}$$

$$=224.908.$$

y_0 的 95% 的置信区间 $(\hat{y}_0-\delta(x_0),\hat{y}_0+\delta(x_0))$,代入数据,得

$$(4595.583-224.908,4595.583+224.908),$$

即

$$(4370.675,4820.491).$$

易见,y_0 的预测区间长度为 $2\delta(x_0)$,对给定的 α,x_0 越靠近样本均值 $\bar{x}$,$\delta(x_0)$ 越小,预测区间长度小,效果越好.当 n 很大,并且 x_0 较接近 $\bar{x}$ 时,有

$$\sqrt{1+\frac{1}{n}+\frac{(x_0-\bar{x})^2}{L_{xx}}}\approx 1,t_{\alpha/2}(n-2)\approx u_{\alpha/2},$$

则预测区间近似为

$$(\hat{y}_0 - u_{a/2}\hat{\sigma}, \hat{y}_0 + u_{a/2}\hat{\sigma}).$$

上面的过程给出了第一类预测的结果,即 y_0 的区间预测.在(9.10)式中,注意到 $\hat{y}_0$ 是相应期望 $E(y_0) = \beta_0 + \beta_1 x_0$ 的一个无偏估计,它就是预测值,这样就给出了第二类预测问题的结果.

9.1.6 控制问题

控制问题是预测问题的反问题,所考虑的问题是:如果要求将 y 以置信度 $1-\alpha$ 控制在某一定范围内,问 x 应控制在什么范围?

这里我们仅对 n 很大的情形给出控制方法,对一般的情形,也可类似地进行讨论.对给出的 $y'_1 < y'_2$ 和置信度 $1-\alpha$,令

$$\begin{cases} y'_1(x) = \hat{\beta}_0 + \hat{\beta}_1 x - u_{a/2}\hat{\sigma} \\ y'_2(x) = \hat{\beta}_0 + \hat{\beta}_1 x + u_{a/2}\hat{\sigma} \end{cases} \tag{9.12}$$

解得

$$\begin{cases} x'_1(x) = (y'_1 - \hat{\beta}_0 + u_{a/2}\hat{\sigma})/\hat{\beta}_1 \\ x'_2(x) = (y'_2 - \hat{\beta}_0 - u_{a/2}\hat{\sigma})/\hat{\beta}_1 \end{cases} \tag{9.13}$$

当 $\hat{\beta}_1 > 0$ 时,控制范围为 (x'_1, x'_2);当 $\hat{\beta}_1 < 0$ 时,控制范围为 (x'_2, x'_1).

实际应用中,由式(9.12)式知,要实现控制,必须要求区间 (y'_1, y'_2) 的长度大于 $2u_{a/2}\hat{\sigma}$,否则控制区间不存在.

特别地,当 $\alpha = 0.05$ 时,$u_{a/2} = u_{0.025} = 1.96$,对于引例,如果要想将某年人均消费金额控制在 $5000 \sim 5300$ 元之间,那么可以求得

$$\begin{cases} x'_1(x) = \dfrac{(y'_1 - \hat{\beta}_0 + u_{a/2}\hat{\sigma})}{\hat{\beta}_1} = \dfrac{(5000 - 181.5830 + 1.96 \times 70.4833)}{0.4414} = 4956.5643 \\ x'_2(x) = \dfrac{(y'_2 - \hat{\beta}_0 - u_{a/2}\hat{\sigma})}{\hat{\beta}_1} = \dfrac{(5300 - 181.5830 - 1.96 \times 70.4833)}{0.4414} = 4980.2697 \end{cases}$$

为达到要求,只需把当年的人均国内生产总值控制在 $4956.5643 \sim 4980.2697$ 元之间.

最后,我们用一个连贯的例题说明一元线性回归分析.

【例】 对 x,Y 有下列观测值:

x	30	35	40	45	50	55	60	65	70	75
Y	110	114	120	124	133	143	150	158	162	166

(1) 画散点图;
(2) 求经验回归方程 $\hat{Y} = \hat{\beta}_0 + \hat{\beta}_1 x$;

(3) 检验回归的显著性($\alpha = 0.05$);

(4) 求 $x = 40$ 时 Y 的预测值 y_0 及置信度为 0.95 的预测区间;

(5) 以置信度 0.95 将 Y 控制在 $121 \sim 136$ 之间, 问 x 应控制在什么范围.

解　(1) 散点图如图 9-2 所示.

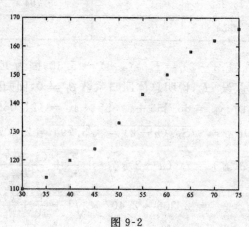

图 9-2

(2) 计算表 9-4.

表 9-4　例 1 的计算表格

$\sum\limits_{i=1}^{n} x_i = 525$	$n = 10$	$\sum\limits_{i=1}^{n} y_i = 1380$
$\bar{x} = 52.5$		$\bar{y} = 138$
$\sum\limits_{i=1}^{n} x_i^2 = 29625$	$\sum\limits_{i=1}^{n} x_i y_i = 75245$	$\sum\limits_{i=1}^{n} y_i^2 = 194274$
$L_{xx} = 2062.5$	$L_{xy} = 2795$	$L_{yy} = 3834$
	$\hat{\beta}_1 = \dfrac{L_{xy}}{L_{xx}} = 1.355$ $\hat{\beta}_0 = \bar{y} - \hat{\beta}_1 \bar{x} = 66.855$ 故 $\hat{Y} = 66.855 + 1.355x$	

(3) 用 F 检验, 制成如表 9-5 所示的方差分析表.

表 9-5　方差分析表

方差来源	平方和	自由度	均方	F 值
回归	3787.648	1	3787.648	
误差	46.352	8	5.794	653.726
总计	3834	9		

对 $\alpha = 0.05, F_\alpha(1, n-2) = F_{0.05}(1, 8) = 5.32$,因为 $F = 653.726 > F_\alpha(1,$ $n-2)$,所以拒绝原假设 H_0,说明总体回归系数 $\beta_1 \neq 0$,回归效果显著.

(4) 当 $x = 40$ 时,$\hat{y}_0 = 66.855 + 1.355 \times 40 = 121.055$,

查表 $t_{\alpha/2}(8) = 2.306, \hat{\sigma} = \sqrt{S_E/(n-2)} = \sqrt{5.794} = 2.407$,代入(9.11)得

$$\delta(x_0) = t_{\alpha/2}(n-2)\hat{\sigma}\sqrt{1 + \frac{1}{n} + \frac{(x_0 - \bar{x})^2}{L_{xx}}}$$

$$= 2.306 \times 2.407 \times \sqrt{1 + \frac{1}{10} + \frac{(40 - 52.5)^2}{2062.5}}$$

$$= 6.085,$$

y_0 的 95% 的置信区间 $(\hat{y}_0 - \delta(x_0), \hat{y}_0 + \delta(x_0))$

$$(121.055 - 6.085, 121.055 + 6.085),$$

即
$$(114.97, 127.14).$$

(5) 当 $\alpha = 0.05$ 时,$u_{\alpha/2} = u_{0.025} = 1.96$,如果要想将 Y 控制在 $121 \sim 136$ 之间,那么可以求得

$$\begin{cases} x'_1(x) = \dfrac{(y'_1 - \hat{\beta}_0 + u_{\alpha/2}\hat{\sigma})}{\hat{\beta}_1} = \dfrac{(121 - 66.855 + 1.96 \times 2.407)}{1.355} = 43.441 \\ x'_2(x) = \dfrac{(y'_2 - \hat{\beta}_0 - u_{\alpha/2}\hat{\sigma})}{\hat{\beta}_1} = \dfrac{(136 - 66.855 - 1.96 \times 2.407)}{1.355} = 47.548 \end{cases},$$

我们只需将 x 控制在 $43.441 \sim 47.548$ 之间.

9.2　可化为一元线性回归的变换

前面讨论了一元线性回归问题,但在实际应用中,有时会遇到更复杂的回归问题,即两个变量之间具有某种曲线相关关系,就不能用直线近似. 但其中有些情形,可通过适当的变量替换化为直线来处理,这样就可以将这些非线性回归变成线性回归,上节的结果就可以移植过来.

(1) $Y = \beta_0 + \dfrac{\beta_1}{x} + \varepsilon, \quad \varepsilon \sim N(0, \sigma^2)$

其中 α, β, σ^2 是与 x 无关的未知参数.

令 $x' = \dfrac{1}{x}$,则可化为下列一元线性回归模型

$$Y = \beta_0 + \beta_1 x' + \varepsilon, \quad \varepsilon \sim N(0, \sigma^2).$$

(2)$Y = \alpha e^{\beta x} \cdot \varepsilon, \quad \ln \varepsilon \sim N(0, \sigma^2)$

其中 α, β, σ^2 是与 x 无关的未知参数.

在 $Y = \alpha e^{\beta x} \cdot \varepsilon$ 两边取对数得

$$\ln Y = \ln \alpha + \beta x + \ln \varepsilon,$$

令 $Y' = \ln Y, a = \ln \alpha, b = \beta, x' = x, \varepsilon' \sim \ln \varepsilon$,则可转化为下列一元线性回归模型

$$Y' = a + bx' + \varepsilon', \quad \varepsilon' \sim N(0, \sigma^2).$$

(3)$Y = \alpha x^\beta \cdot \varepsilon, \quad \ln \varepsilon \sim N(0, \sigma^2)$

其中 α, β, σ^2 是与 x 无关的未知参数.

在 $Y = \alpha x^\beta \cdot \varepsilon$ 两边取对数得

$$\ln Y = \ln \alpha + \beta \ln x + \ln \varepsilon,$$

令 $Y' = \ln Y, a = \ln \alpha, b = \beta, x' = \ln x, \varepsilon' = \ln \varepsilon$,则原式可转化为下列一元线性回归模型

$$Y' = a + bx' + \varepsilon', \quad \varepsilon' \sim N(0, \sigma^2).$$

(4)$Y = \alpha + \beta h(x) + \varepsilon, \quad \varepsilon \sim N(0, \sigma^2)$

其中 α, β, σ^2 是与 x 无关的未知参数. $h(x)$ 是 x 的已知函数,令 $x' = h(x)$,则可转化为

$$Y = \alpha + \beta x' + \varepsilon, \quad \varepsilon \sim N(0, \sigma^2).$$

注意 其他函数,如双曲线 $Y = \dfrac{x}{\alpha + \beta x}$ 和 S 型曲线 $Y = \dfrac{1}{\alpha + \beta e^{-x}}$ 等亦可通过适当的变量替换转化为一元线性回归模型来处理.

若在原模型下,对于 (x, Y) 有样本

$$(x_1, y_1), (x_2, y_2), \cdots, (x_n, y_n),$$

即相当于在新模型下有样本

$$(x'_1, y'_1), (x'_2, y'_2), \cdots, (x'_n, y'_n).$$

就能利用一元线性回归的方法进行估计、检验和预测,在得到关于 x' 的新回归方程后,再将原变量代回,就得到关于 x 的回归方程,它的图形是一条曲线,也称为曲线回归方程.下面我们给出一个一元非线性回归的例子.

【例】 电容器充电达某电压值时为时间的计算原点,此后电容器串联一电阻放电,测定各时刻的电压 u,测量结果如下:

时间 t(s)	0	1	2	3	4	5	6	7	8	9	10
电压 u(V)	100	75	55	40	30	20	15	10	10	5	5

以 (t, u) 为坐标画其散点图,如图 9-3 所示.

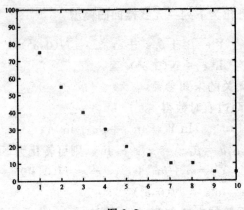

图 9-3

很明显,u 与 t 没有线性关系,而更像某种曲线关系.若 u 与 t 的关系为 $u = u_0 e^{-ct}$,其中 u_0, c 未知,下面我们求 u 对 t 的回归方程.

解 用上面第 2 个变换对 $u = u_0 e^{-ct}$,两边同时取对数,得

$$\ln u = \ln u_0 - ct.$$

令 $U' = \ln u, a = \ln u_0, b = -c, t' = t$,则回归方程可以假设为

$$U' = a + bt' + \varepsilon, \quad 其中 \varepsilon \sim N(0, \sigma^2).$$

对这个关于 t' 的一元线性回归方程用最小二乘法,样本由原先的 (t, u) 变成现在的 (t', U').回归系数的估计为

$$\hat{a} = 4.613, \quad \hat{b} = -0.313.$$

回归方程为

$$U' = 4.613 - 0.313t.$$

对其进行 F 检验,如表 9-6 所示.

表 9-6 方差分析表

方差来源	平方和	自由度	均方	F 值
回归	10.752	1	10.752	
误差	0.109	9	0.012	891.442
总计	10.861	10		

对 $\alpha = 0.05$,$F_\alpha(1, n-2) = F_{0.05}(1, 9) = 5.12$.因为 $F = 891.442 > F_\alpha(1, n-2)$,所以拒绝原假设 H_0,说明总体回归系数 $b \neq 0$,回归效果显著.

显然 $\hat{u}_0 = e^{\hat{a}}, \hat{c} = -\hat{b}$,得 $u = 100.786 e^{-0.313t}$.

习　题　9

1. 某汽车公司想了解广告费 x 对销售 Y 的影响,收集过去12年的资料如下:

第 n 年	广告费 x(万元)	销售量 Y(辆)
1	510	1000
2	550	1100
3	600	1250
4	580	1280
5	700	1360
6	750	1480
7	860	1500
8	930	1720
9	1050	1800
10	1030	1890
11	1200	2100
12	1320	2200

试用最小二乘法建立 Y 关于 x 的回归方程.

2. 考察温度对产量的影响,测得下列 10 组数据:

温度 x(℃)　　20　　25　　30　　35　　40　　45　　50　　55　　60　　65

产量 y(kg)　　13.2　15.1　16.4　17.1　17.9　18.7　19.6　21.2　22.5　24.3

(1) 画出散点图;

(2) 求经验回归方程 $\hat{y} = \hat{\beta}_0 + \hat{\beta}_1 x$;

(3) 检验回归的显著性($\alpha = 0.05$);

(4) 求 $x = 45$℃ 时产量 y 的预测值及置信度为 0.95 的预测区间.

3. 图书馆想知道每天使用图书馆的人数 x(百人)与借出的书本数 Y(百本)之间的关系,已知上个月图书馆共开放 25 天,得到下列资料:

$\sum\limits_{i=1}^{25} x_i = 200$	$n = 25$	$\sum\limits_{i=1}^{25} y_i = 300$
$\sum\limits_{i=1}^{25} x_i{}^2 = 1660$	$\sum\limits_{i=1}^{25} x_i y_i = 2436$	$\sum\limits_{i=1}^{25} y_i{}^2 = 3696$

(1) 求回归方程 $\hat{y} = \hat{\beta}_0 + \hat{\beta}_1 x$；

(2) 解释 $\hat{\beta}_0, \hat{\beta}_1$ 的含义；

(3) 检验"使用图书馆的人越多,借出的书越多"的说法是否正确($\alpha = 0.05$)；

4. 收集过去 10 年砍伐面积与收成木材体积资料如下：

年份	砍伐面积(公顷)	木材体积(万 m³)
1	30	32.3
2	28	30.1
3	31	32.8
4	28	28.5
5	31	33.2
6	32	35.1
7	35	38.6
8	33	35.2
9	32	34.8
10	30	31.5

试用一元线性回归的知识分析.

5. 用一元线性回归的知识解释现实生活中的某个问题.

附录

附表 A 统计量与 Excel 中的统计函数

序号	统计量	计算公式	Excel 函数
1	样本均值	$\bar{X} = \dfrac{1}{n}\sum\limits_{i=1}^{n} X_i$	AVERAGE $(X_1, X_2, \cdots, X_n)$
2	样本方差	$S^2 = \dfrac{1}{n-1}\sum\limits_{i=1}^{n}(X_i - \bar{X})^2$	VAR$(X_1,X_2,\cdots,X_n)$
3	样本标准差	$S = \sqrt{\dfrac{1}{n-1}\sum\limits_{i=1}^{n}(X_i - \bar{X})^2}$	STDEV$(X_1,X_2,\cdots,X_n)$
4	n 重伯努利试验概率值	$P(X=k) = C_n^k p^k q^{n-k}$	BINOMDIST$(k,n,p,0)$
5	n 重伯努利试验累积概率值	$P(X \leqslant k) = \sum\limits_{i=0}^{k} C_n^i p^i q^{n-i}$	BINOMDIST$(k,n,p,0)$
6	正态分布密度函数	$f(x) = \dfrac{1}{\sigma\sqrt{2\pi}}e^{-\frac{(x-\mu)^2}{2\sigma^2}}$	NORMDIST$(x,\mu,\sigma,0)$
7	正态分布分布函数	$F(x) = \dfrac{1}{\sigma\sqrt{2\pi}}\int_{-\infty}^{x} e^{-\frac{(t-\mu)^2}{2\sigma^2}}\mathrm{d}t$	NORMDIST$(x,\mu,\sigma,1)$
8	正态分布反函数	$x = F^{-1}(p)$	NORMINV(p,μ,σ)
9	标准正态分布	$p = \Phi(x) = \int_{-\infty}^{x}\dfrac{1}{\sqrt{2\pi}}e^{-t^2/2}\mathrm{d}t$	NORMSDIST(x)
10	标准正态分布反函数	$x = \Phi^{-1}(p)$	NORMSINV(p)
11	指数分布密度函数	$f(x) = \begin{cases} \lambda e^{-\lambda x} & \text{当 } x \geqslant 0 \\ 0 & \text{当 } x < 0 \end{cases}$	EXPONDIST$(x,\lambda,0)$
12	指数分布分布函数	$F(x) = 1 - e^{-\lambda x}$	EXPONDIST$(x,\lambda,1)$
13	泊松分布概率值	$P\{X=k\} = e^{-\lambda}\dfrac{\lambda^k}{k!}$	POISSON$(k,\lambda,0)$
14	泊松分布分布函数	$P\{X \leqslant k\} = \sum\limits_{i=0}^{k} e^{-\lambda}\dfrac{\lambda^i}{i!}$	POISSON$(k,\lambda,1)$
15	单尾 χ^2 分布	$P\{\chi^2(n) \geqslant x\}$	CHIDIST(x,n)
16	单尾 χ^2 分布反函数	已知 $P\{\chi^2(n) \geqslant \chi_\alpha^2(n)\} = \alpha$ 求 $\chi_\alpha^2(n)$	CHIINV(α,n)

续表

序号	统计量	计算公式	Excel 函数
17	F 分布	$P\{F(m,n)>x\}$	$FDIST(x,m,n)$
18	F 分布反函数	已知 $P\{F>F_\alpha(m,n)\}=\alpha$ 求 $F_\alpha(m,n)$	$FINV(\alpha,m,n)$
19	t 分布	$P\{t(n)>x\}$	$TDIST(x,n,1)$
20	t 分布	$P\{|t(n)|>x\}$	$TDIST(x,n,2)$
21	t 分布反函数	已知 $P\{t(n)>t_\alpha(n)\}=\alpha$ 求 $t_\alpha(n)$	$TINV(\alpha,n)$

附表 B 标准正态分布表

$$\Phi(x) = \int_{-\infty}^{x} \frac{1}{\sqrt{2\pi}} e^{-\frac{t^2}{2}} dt = P\{X \leqslant x\}$$

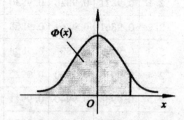

x	0	1	2	3	4	5	6	7	8	9
0.0	0.5000	0.5040	0.5080	0.5120	0.5160	0.5199	0.5239	0.5279	0.5319	0.5359
0.1	0.5398	0.5438	0.5478	0.5517	0.5557	0.5596	0.5636	0.5675	0.5714	0.5753
0.2	0.5793	0.5832	0.5871	0.5910	0.5948	0.5987	0.6026	0.6064	0.6103	0.6141
0.3	0.6179	0.6217	0.6255	0.6293	0.6331	0.6368	0.6406	0.6443	0.6480	0.6517
0.4	0.6554	0.6591	0.6628	0.6664	0.6700	0.6736	0.6772	0.6808	0.6844	0.6879
0.5	0.6915	0.6950	0.6985	0.7019	0.7054	0.7088	0.7123	0.7157	0.7190	0.7224
0.6	0.7257	0.7291	0.7324	0.7357	0.7389	0.7422	0.7454	0.7486	0.7517	0.7549
0.7	0.7580	0.7611	0.7642	0.7673	0.7704	0.7734	0.7764	0.7794	0.7823	0.7852
0.8	0.7881	0.7910	0.7939	0.7967	0.7995	0.8023	0.8051	0.8078	0.8106	0.8133
0.9	0.8159	0.8186	0.8212	0.8238	0.8264	0.8289	0.8315	0.8340	0.8365	0.8389
1.0	0.8413	0.8438	0.8461	0.8485	0.8508	0.8531	0.8554	0.8577	0.8599	0.8621
1.1	0.8643	0.8665	0.8686	0.8708	0.8729	0.8749	0.8770	0.8790	0.8810	0.8830
1.2	0.8849	0.8869	0.8888	0.8907	0.8925	0.8944	0.8962	0.8980	0.8997	0.9015
1.3	0.9032	0.9049	0.9066	0.9082	0.9099	0.9115	0.9131	0.9147	0.9162	0.9177
1.4	0.9192	0.9207	0.9222	0.9236	0.9251	0.9265	0.9279	0.9292	0.9306	0.9319
1.5	0.9332	0.9345	0.9357	0.9370	0.9382	0.9394	0.9406	0.9418	0.9429	0.9441
1.6	0.9452	0.9463	0.9474	0.9484	0.9495	0.9505	0.9515	0.9525	0.9535	0.9545
1.7	0.9554	0.9564	0.9573	0.9582	0.9591	0.9599	0.9608	0.9616	0.9625	0.9633
1.8	0.9641	0.9649	0.9656	0.9664	0.9671	0.9678	0.9686	0.9693	0.9699	0.9706
1.9	0.9713	0.9719	0.9726	0.9732	0.9738	0.9744	0.9750	0.9756	0.9761	0.9767
2.0	0.9772	0.9778	0.9783	0.9788	0.9793	0.9798	0.9803	0.9808	0.9812	0.9817

x	0	1	2	3	4	5	6	7	8	9
2.1	0.9821	0.9826	0.9830	0.9834	0.9838	0.9842	0.9846	0.9850	0.9854	0.9857
2.2	0.9861	0.9864	0.9868	0.9871	0.9875	0.9878	0.9881	0.9884	0.9887	0.9890
2.3	0.9893	0.9896	0.9898	0.9901	0.9904	0.9906	0.9909	0.9911	0.9913	0.9916
2.4	0.9918	0.9920	0.9922	0.9925	0.9927	0.9929	0.9931	0.9932	0.9934	0.9936
2.5	0.9938	0.9940	0.9941	0.9943	0.9945	0.9946	0.9948	0.9949	0.9951	0.9952
2.6	0.9953	0.9955	0.9956	0.9957	0.9959	0.9960	0.9961	0.9962	0.9963	0.9964
2.7	0.9965	0.9966	0.9967	0.9968	0.9969	0.9970	0.9971	0.9972	0.9973	0.9974
2.8	0.9974	0.9975	0.9976	0.9977	0.9977	0.9978	0.9979	0.9979	0.9980	0.9981
2.9	0.9981	0.9982	0.9982	0.9983	0.9984	0.9984	0.9985	0.9985	0.9986	0.9986
3.0	0.9987	0.9990	0.9993	0.9995	0.9997	0.9998	0.9998	0.9999	0.9999	1.0000

注:表中最后一行是 $x = 3.0, 3.1, \cdots, 3.9$ 的值.

附录 C 泊松分布表

$$1 - F(x-1) = \sum_{r=x}^{\infty} \frac{e^{-\lambda}\lambda^{4}}{r!}$$

x	$\lambda=0.2$	$\lambda=0.3$	$\lambda=0.4$	$\lambda=0.5$	$\lambda=0.6$
0	1. 0000000	1. 0000000	1. 0000000	1. 0000000	1. 0000000
1	0. 1812692	0. 2591818	0. 3296800	0. 393469	0. 451188
2	0. 0175231	0. 0369363	0. 0615519	0. 090204	0. 121901
3	0. 0011485	0. 0035995	0. 0079263	0. 014388	0. 023115
4	0. 0000568	0. 0002658	0. 0007763	0. 001752	0. 003358
5	0. 0000023	0. 0000158	0. 000612	0. 000172	0. 000394
6	0. 0000001	0. 0000008	0. 0000040	0. 000014	0. 000039
7		0. 0000002	0. 000001	0. 000003

x	$\lambda=0.7$	$\lambda=0.8$	$\lambda=0.9$	$\lambda=1.0$	$\lambda=1.2$
0	1. 0000000	1. 0000000	1. 0000000	1. 0000000	1. 0000000
1	0. 503415	0. 550671	0. 593430	0. 632121	0. 698806
2	0. 155805	0. 191208	0. 227518	0. 264241	0. 337373
3	0. 034142	0. 047423	0. 062857	0. 080301	0. 120513
4	0. 005753	0. 009080	0. 013459	0. 018988	0. 033769
5	0. 000786	0. 001411	0. 002344	0. 003660	0. 007746
6	0. 000090	0. 000184	0. 000343	0. 000594	0. 001500
7	0. 000009	0. 000021	0. 000043	0. 000083	0. 000251
8	0. 000001	0. 000002	0. 000005	0. 000010	0. 000037
9				0. 000001	0. 000005
10					0. 000006

x	$\lambda=1.4$	$\lambda=1.6$	$\lambda=1.8$		
0	1. 000000	1. 000000	1. 000000		
1	0. 753403	0. 798103	0. 834701		
2	0. 408167	0. 475069	0. 537163		
3	0. 166520	0. 216642	0. 269379		
4	0. 053725	0. 078813	0. 108708		
5	0. 014253	0. 023862	0. 036407		
6	0. 003201	0. 006040	0. 010378		
7	0. 000622	0. 001336	0. 002569		
8	0. 000107	0. 000260	0. 000562		
9	0. 000016	0. 000045	0. 000110		
10	0. 000002	0. 000007	0. 000019		
11		0. 000001	0. 000003		

续表

x	$\lambda = 2.5$	$\lambda = 3.0$	$\lambda = 3.5$	$\lambda = 4.0$	$\lambda = 4.5$	$\lambda = 5.0$
0	1.0000000	1.0000000	1.0000000	1.0000000	1.0000000	1.0000000
1	0.917915	0.950213	0.969803	0.981684	0.988891	0.993261
2	0.712703	0.800852	0.864112	0.908422	0.938901	0.959572
3	0.456187	0.576810	0.679153	0.761897	0.826422	0.875348
4	0.242424	0.352768	0.463367	0.566530	0.657704	0.734974
5	0.108822	0.184737	0.274555	0.371163	0.467896	0.559507
6	0.042021	0.083918	0.142386	0.214870	0.297070	0.384039
7	0.014187	0.033509	0.065288	0.110674	0.168949	0.237817
8	0.004247	0.011905	0.026793	0.051134	0.086586	0.133372
9	0.001140	0.003803	0.009874	0.021363	0.040257	0.068094
10	0.000277	0.001102	0.003315	0.008132	0.017093	0.031828
11	0.000062	0.000292	0.001019	0.002840	0.006669	0.013695
12	0.000013	0.000071	0.000289	0.000915	0.002404	0.005453
13	0.000002	0.000016	0.000076	0.000274	0.000805	0.002019
14		0.000003	0.000019	0.000076	0.000252	0.000698
15		0.000001	0.000004	0.000020	0.000074	0.000226
16			0.000001	0.000005	0.000020	0.000069
17				0.000001	0.000005	0.000020
18					0.000001	0.000005
19						0.000001

附录 D χ^2分布表

$$P\{\chi^2(n) > \chi_\alpha^2(n)\} = \alpha$$

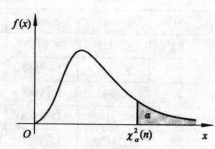

α n	$\alpha = 0.995$	0.990	0.975	0.950	0.900	0.750
1	0.0000	0.0002	0.0010	0.0039	0.0158	0.1015
2	0.0100	0.0201	0.0506	0.1026	0.2107	0.5754
3	0.0717	0.1148	0.2158	0.3518	0.5844	1.2125
4	0.2070	0.2971	0.4844	0.7107	1.0636	1.9226
5	0.4117	0.5543	0.8312	1.1455	1.6103	2.6746
6	0.6757	0.8721	1.2373	1.6354	2.2041	3.4546
7	0.9893	1.2390	1.6899	2.1673	2.8331	4.2549
8	1.3444	1.6465	2.1797	2.7326	3.4895	5.0706
9	1.7349	2.0879	2.7004	3.3251	4.1682	5.8988
10	2.1559	2.5582	3.2470	3.9403	4.8652	6.7372
11	2.6032	3.0535	3.8157	4.5748	5.5778	7.5841
12	3.0738	3.5706	4.4038	5.2260	6.3038	8.4384
13	3.5650	4.1069	5.0088	5.8919	7.0415	9.2991
14	4.0747	4.6604	5.6287	6.5706	7.7895	10.1653
15	4.6009	5.2293	6.2621	7.2609	8.5468	11.0365
16	5.1422	5.8122	6.9077	7.9616	9.3122	11.9122
17	5.6972	6.4078	7.5642	8.6718	10.0852	12.7919
18	6.2648	7.0149	8.2307	9.3905	10.8649	13.6753
19	6.8440	7.6327	8.9065	10.1170	11.6509	14.5620
20	7.4338	8.2604	9.5908	10.8508	12.4426	15.4518

续表

n \ α	α = 0.995	0.990	0.975	0.950	0.900	0.750
21	8.0337	8.8972	10.2829	11.5913	13.2396	16.3444
22	8.6427	9.5425	10.9823	12.3380	14.0415	17.2396
23	9.2604	10.1957	11.6886	13.0905	14.8480	18.1373
24	9.8862	10.8564	12.4012	13.8484	15.6587	19.0373
25	10.5197	11.5240	13.1197	14.6114	16.4734	19.9393
26	11.1602	12.1981	13.8439	15.3792	17.2919	20.8434
27	11.8076	12.8785	14.5734	16.1514	18.1139	21.7494
28	12.4613	13.5647	15.3079	16.9279	18.9392	22.6572
29	13.1211	14.2565	16.0471	17.7084	19.7677	23.5666
30	13.7867	14.9535	16.7908	18.4927	20.5992	24.4776
31	14.4578	15.6555	17.5387	19.2806	21.4336	25.3901
32	15.1340	16.3622	18.2908	20.0719	22.2706	26.3041
33	15.8153	17.0735	19.0467	20.8665	23.1102	27.2194
34	16.5013	17.7891	19.8063	21.6643	23.9523	28.1361
35	17.1918	18.5089	20.5694	22.4650	24.7967	29.0540
36	17.8867	19.2327	21.3359	23.2686	25.6433	29.9730
37	18.5858	19.9602	22.1056	24.0749	26.4921	30.8933
38	19.2889	20.6914	22.8785	24.8839	27.3430	31.8146
39	19.9959	21.4262	23.6543	25.6954	28.1958	32.7369
40	20.7065	22.1643	24.4330	26.5093	29.0505	33.6603
41	21.4208	22.9056	25.2145	27.3256	29.9071	34.5846
42	22.1385	23.6501	25.9987	28.1440	30.7654	35.5099
43	22.8595	24.3976	26.7854	28.9647	31.6255	36.4361
44	23.5837	25.1480	27.5746	29.7875	32.4871	37.3631
45	24.3110	25.9013	28.3662	30.6123	33.3504	38.2910

续表

α / n	0.250	0.100	0.050	0.025	0.010	0.005
1	1.3233	2.7055	3.8415	5.0239	6.6349	7.8794
2	2.7726	4.6052	5.9915	7.3778	9.2103	10.5966
3	4.1083	6.2514	7.8147	9.3484	11.3449	12.8382
4	5.3853	7.7794	9.4877	11.1433	13.2767	14.8603
5	6.6257	9.2364	11.0705	12.8325	15.0863	16.7496
6	7.8408	10.6446	12.5916	14.4494	16.8119	18.5476
7	9.0371	12.0170	14.0671	16.0128	18.4753	20.2777
8	10.2189	13.3616	15.5073	17.5345	20.0902	21.9550
9	11.3888	14.6837	16.9190	19.0228	21.6660	23.5894
10	12.5489	15.9872	18.3070	20.4832	23.2093	25.1882
11	13.7007	17.2750	19.6751	21.9200	24.7250	26.7568
n	$\alpha = 0.250$	0.100	0.050	0.025	0.010	0.005
12	14.8454	18.5493	21.0261	23.3367	26.2170	28.2995
13	15.9839	19.8119	22.3620	24.7356	27.6882	29.8195
14	17.1169	21.0641	23.6848	26.1189	29.1412	31.3193
15	18.2451	22.3071	24.9958	27.4884	30.5779	32.8013
16	19.3689	23.5418	26.2962	28.8454	31.9999	34.2672
17	20.4887	24.7690	27.5871	30.1910	33.4087	35.7185
18	21.6049	25.9894	28.8693	31.5264	34.8053	37.1565
19	22.7178	27.2036	30.1435	32.8523	36.1909	38.5823
20	23.8277	28.4120	31.4104	34.1696	37.5662	39.9968
21	24.9348	29.6151	32.6706	35.4789	38.9322	41.4011
22	26.0393	30.8133	33.9244	36.7807	40.2894	42.7957
23	27.1413	32.0069	35.1725	38.0756	41.6384	44.1813
24	28.2412	33.1962	36.4150	39.3641	42.9798	45.5585
25	29.3389	34.3816	37.6525	40.6465	44.3141	46.9279
26	30.4346	35.5632	38.8851	41.9232	45.6417	48.2899
27	31.5284	36.7412	40.1133	43.1945	46.9629	49.6449

n α	0.250	0.100	0.050	0.025	0.010	0.005
28	32.6205	37.9159	41.3371	44.4608	48.2782	50.9934
29	33.7109	39.0875	42.5570	45.7223	49.5879	52.3356
30	34.7997	40.2560	43.7730	46.9792	50.8922	53.6720
31	35.8871	41.4217	44.9853	48.2319	52.1914	55.0027
32	36.9730	42.5847	46.1943	49.4804	53.4858	56.3281
33	38.0575	43.7452	47.3999	50.7251	54.7755	57.6484
34	39.1408	44.9032	48.6024	51.9660	56.0609	58.9639
35	40.2228	46.0588	49.8018	53.2033	57.3421	60.2748
36	41.3036	47.2122	50.9985	54.4373	58.6192	61.5812
37	42.3833	48.3634	52.1923	55.6680	59.8925	62.8833
38	43.4619	49.5126	53.3835	56.8955	61.1621	64.1814
39	44.5395	50.6598	54.5722	58.1201	62.4281	65.4756
40	45.6160	51.8051	55.7585	59.3417	63.6907	66.7660
41	46.6916	52.9485	56.9424	60.5606	64.9501	68.0527
42	47.7663	54.0902	58.1240	61.7768	66.2062	69.3360
43	48.8400	55.2302	59.3035	62.9904	67.4593	70.6159
44	49.9129	56.3685	60.4809	64.2015	68.7095	71.8926
45	50.9849	57.5053	61.6562	65.4102	69.9568	73.1661

附录 E *t* 分布表

$P\{T > t_\alpha(n)\} = \alpha$

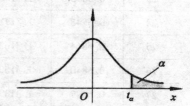

α n	0.250	0.100	0.050	0.025	0.010	0.005
1	3.0777	3.0777	6.3138	12.7062	31.8205	63.6567
2	0.8165	1.8856	2.9200	4.3027	6.9646	9.9248
3	0.7649	1.6377	2.3534	3.1824	4.5407	5.8409
4	0.7407	1.5332	2.1318	2.7764	3.7469	4.6041
5	0.7267	1.4759	2.0150	2.5706	3.3649	4.0321
6	0.7176	1.4398	1.9432	2.4469	3.1427	3.7074
7	0.7111	1.4149	1.8946	2.3646	2.9980	3.4995
8	0.7064	1.3968	1.8595	2.3060	2.8965	3.3554
9	0.7027	1.3830	1.8331	2.2622	2.8214	3.2498
10	0.6998	1.3722	1.8125	2.2281	2.7638	3.1693
11	0.6974	1.3634	1.7959	2.2010	2.7181	3.1058
12	0.6955	1.3562	1.7823	2.1788	2.6810	3.0545
13	0.6938	1.3502	1.7709	2.1604	2.6503	3.0123
14	0.6924	1.3450	1.7613	2.1448	2.6245	2.9768
15	0.6912	1.3406	1.7531	2.1314	2.6025	2.9467
16	0.6901	1.3368	1.7459	2.1199	2.5835	2.9208
17	0.6892	1.3334	1.7396	2.1098	2.5669	2.8982
18	0.6884	1.3304	1.7341	2.1009	2.5524	2.8784
19	0.6876	1.3277	1.7291	2.0930	2.5395	2.8609
20	0.6870	1.3253	1.7247	2.0860	2.5280	2.8453
21	0.6864	1.3232	1.7207	2.0796	2.5176	2.8314
22	0.6858	1.3212	1.7171	2.0739	2.5083	2.8188

n \ α	0.250	0.100	0.050	0.025	0.010	0.005
23	0.6853	1.3195	1.7139	2.0687	2.4999	2.8073
24	0.6848	1.3178	1.7109	2.0639	2.4922	2.7969
25	0.6844	1.3163	1.7081	2.0595	2.4851	2.7874
26	0.6840	1.3150	1.7056	2.0555	2.4786	2.7787
27	0.6837	1.3137	1.7033	2.0518	2.4727	2.7707
28	0.6834	1.3125	1.7011	2.0484	2.4671	2.7633
29	0.6830	1.3114	1.6991	2.0452	2.4620	2.7564
30	0.6828	1.3104	1.6973	2.0423	2.4573	2.7500
31	0.6825	1.3095	1.6955	2.0395	2.4528	2.7440
32	0.6822	1.3086	1.6939	2.0369	2.4487	2.7385
33	0.6820	1.3077	1.6924	2.0345	2.4448	2.7333
34	0.6818	1.3070	1.6909	2.0322	2.4411	2.7284
35	0.6816	1.3062	1.6896	2.0301	2.4377	2.7238
36	0.6814	1.3055	1.6883	2.0281	2.4345	2.7195
37	0.6812	1.3049	1.6871	2.0262	2.4314	2.7154
38	0.6810	1.3042	1.6860	2.0244	2.4286	2.7116
39	0.6808	1.3036	1.6849	2.0227	2.4258	2.7079
40	0.6807	1.3031	1.6839	2.0211	2.4233	2.7045
41	0.6805	1.3025	1.6829	2.0195	2.4208	2.7012
42	0.6804	1.3020	1.6820	2.0181	2.4185	2.6981
43	0.6802	1.3016	1.6811	2.0167	2.4163	2.6951
44	0.6801	1.3011	1.6802	2.0154	2.4141	2.6923
45	0.6800	1.3006	1.6794	2.0141	2.4121	2.6896

附录 F　F 分布表

$$P\{F > F_\alpha(n_1, n_2)\} = \alpha$$

$F_\alpha(m,n)$

$\alpha = 0.10$

n_1 \ n_2	1	2	3	4	5	6	7	8	9	10	12	15	20	24	30	40	60	120	∞
1	39.86	49.50	53.59	55.83	57.24	58.20	58.91	59.44	59.86	60.19	60.71	61.22	61.74	62.00	62.26	62.53	62.79	63.06	63.33
2	8.526	9.000	9.162	9.243	9.293	9.326	9.349	9.367	9.381	9.392	9.408	9.425	9.441	9.450	9.458	9.466	9.475	9.483	9.491
3	5.538	5.462	5.391	5.343	5.309	5.285	5.266	5.252	5.240	5.230	5.216	5.200	5.184	5.176	5.168	5.160	5.151	5.143	5.134
4	4.545	4.325	4.191	4.107	4.051	4.010	3.979	3.955	3.936	3.920	3.896	3.870	3.844	3.831	3.817	3.804	3.790	3.775	3.761
5	4.060	3.780	3.619	3.520	3.453	3.405	3.368	3.339	3.316	3.297	3.268	3.238	3.207	3.191	3.174	3.157	3.140	3.123	3.105
6	3.776	3.463	3.289	3.181	3.108	3.055	3.014	2.983	2.958	2.937	2.905	2.871	2.836	2.818	2.800	2.781	2.762	2.742	2.722
7	3.589	3.257	3.074	2.961	2.883	2.827	2.785	2.752	2.725	2.703	2.668	2.632	2.595	2.575	2.555	2.535	2.514	2.493	2.471
8	3.458	3.113	2.924	2.806	2.726	2.668	2.624	2.589	2.561	2.538	2.502	2.464	2.425	2.404	2.383	2.361	2.339	2.316	2.293
9	3.360	3.006	2.813	2.693	2.611	2.551	2.505	2.469	2.440	2.416	2.379	2.340	2.298	2.277	2.255	2.232	2.208	2.184	2.159
10	3.285	2.924	2.728	2.605	2.522	2.461	2.414	2.377	2.347	2.323	2.284	2.244	2.201	2.178	2.155	2.132	2.107	2.082	2.055
11	3.225	2.860	2.660	2.536	2.451	2.389	2.342	2.304	2.274	2.248	2.209	2.167	2.123	2.100	2.076	2.052	2.026	2.000	1.972
12	3.177	2.807	2.606	2.480	2.394	2.331	2.283	2.245	2.214	2.188	2.147	2.105	2.060	2.036	2.011	1.986	1.960	1.932	1.904
13	3.136	2.763	2.560	2.434	2.347	2.283	2.234	2.195	2.164	2.138	2.097	2.053	2.007	1.983	1.958	1.931	1.904	1.876	1.846

续表

n_1 \ n_2	∞	120	60	40	30	24	20	15	12	10	9	8	7	6	5	4	3	2	1
14	1.797	1.828	1.857	1.885	1.912	1.938	1.962	2.010	2.054	2.095	2.122	2.154	2.193	2.243	2.307	2.395	2.522	2.726	3.102
15	1.755	1.787	1.817	1.845	1.873	1.899	1.924	1.972	2.017	2.059	2.086	2.119	2.158	2.208	2.273	2.361	2.490	2.695	3.073
16	1.718	1.751	1.782	1.811	1.839	1.866	1.891	1.940	1.985	2.028	2.055	2.088	2.128	2.178	2.244	2.333	2.462	2.668	3.048
17	1.686	1.719	1.751	1.781	1.809	1.836	1.862	1.912	1.958	2.001	2.028	2.061	2.102	2.152	2.218	2.308	2.437	2.645	3.026
18	1.657	1.691	1.723	1.754	1.783	1.810	1.837	1.887	1.933	1.977	2.005	2.038	2.079	2.130	2.196	2.286	2.416	2.624	3.007
19	1.631	1.666	1.699	1.730	1.759	1.787	1.814	1.865	1.912	1.956	1.984	2.017	2.058	2.109	2.176	2.266	2.397	2.606	2.990
20	1.607	1.643	1.677	1.708	1.738	1.767	1.794	1.845	1.892	1.937	1.965	1.999	2.040	2.091	2.158	2.249	2.380	2.589	2.975
21	1.586	1.623	1.657	1.689	1.719	1.748	1.776	1.827	1.875	1.920	1.948	1.982	2.023	2.075	2.142	2.233	2.365	2.575	2.961
22	1.567	1.604	1.639	1.671	1.702	1.731	1.759	1.811	1.859	1.904	1.933	1.967	2.008	2.060	2.128	2.219	2.351	2.561	2.949
23	1.549	1.587	1.622	1.655	1.686	1.716	1.744	1.796	1.845	1.890	1.919	1.953	1.995	2.047	2.115	2.207	2.339	2.549	2.937
24	1.533	1.571	1.607	1.641	1.672	1.702	1.730	1.783	1.832	1.877	1.906	1.941	1.983	2.035	2.103	2.195	2.327	2.538	2.927
25	1.518	1.557	1.593	1.627	1.659	1.689	1.718	1.771	1.820	1.866	1.895	1.929	1.971	2.024	2.092	2.184	2.317	2.528	2.918
26	1.504	1.544	1.581	1.615	1.647	1.677	1.706	1.760	1.809	1.855	1.884	1.919	1.961	2.014	2.082	2.174	2.307	2.519	2.909
27	1.491	1.531	1.569	1.603	1.636	1.666	1.695	1.749	1.799	1.845	1.874	1.909	1.952	2.005	2.073	2.165	2.299	2.511	2.901
28	1.478	1.520	1.558	1.592	1.625	1.656	1.685	1.740	1.790	1.836	1.865	1.900	1.943	1.996	2.064	2.157	2.291	2.503	2.894
29	1.467	1.509	1.547	1.583	1.616	1.647	1.676	1.731	1.781	1.827	1.857	1.892	1.935	1.988	2.057	2.149	2.283	2.495	2.887
30	1.456	1.499	1.538	1.573	1.606	1.638	1.667	1.722	1.773	1.819	1.849	1.884	1.927	1.980	2.049	2.142	2.276	2.489	2.881
40	1.377	1.425	1.467	1.506	1.541	1.574	1.605	1.662	1.715	1.763	1.793	1.829	1.873	1.927	1.997	2.091	2.226	2.440	2.835
60	1.292	1.348	1.395	1.437	1.476	1.511	1.543	1.603	1.657	1.707	1.738	1.775	1.819	1.875	1.946	2.041	2.177	2.393	2.791
120	1.193	1.265	1.320	1.368	1.409	1.447	1.482	1.545	1.601	1.652	1.684	1.722	1.767	1.824	1.896	1.992	2.130	2.347	2.748
∞	1.000	1.169	1.240	1.295	1.342	1.383	1.421	1.487	1.546	1.599	1.632	1.670	1.717	1.774	1.847	1.945	2.084	2.303	2.706

$\alpha = 0.05$

n_2 \ n_1	1	2	3	4	5	6	7	8	9	10	12	15	20	24	30	40	60	120	∞
1	161.4	199.5	215.7	224.6	230.2	234.0	236.8	238.9	240.5	241.9	243.9	245.9	248.0	249.1	250.1	251.1	252.2	253.3	254.3
2	18.51	19.00	19.16	19.25	19.30	19.33	19.35	19.37	19.38	19.40	19.41	19.43	19.45	19.45	19.46	19.47	19.48	19.49	19.50
3	10.13	9.552	9.277	9.117	9.013	8.941	8.887	8.845	8.812	8.786	8.745	8.703	8.660	8.639	8.617	8.594	8.572	8.549	8.526
4	7.709	6.944	6.591	6.388	6.256	6.163	6.094	6.041	5.999	5.964	5.912	5.858	5.803	5.774	5.746	5.717	5.688	5.658	5.628
5	6.608	5.786	5.409	5.192	5.050	4.950	4.876	4.818	4.772	4.735	4.678	4.619	4.558	4.527	4.496	4.464	4.431	4.398	4.365
6	5.987	5.143	4.757	4.534	4.387	4.284	4.207	4.147	4.099	4.060	4.000	3.938	3.874	3.841	3.808	3.774	3.740	3.705	3.669
7	5.591	4.737	4.347	4.120	3.972	3.866	3.787	3.726	3.677	3.637	3.575	3.511	3.445	3.410	3.376	3.340	3.304	3.267	3.230
8	5.318	4.459	4.066	3.838	3.687	3.581	3.500	3.438	3.388	3.347	3.284	3.218	3.150	3.115	3.079	3.043	3.005	2.967	2.928
9	5.117	4.256	3.863	3.633	3.482	3.374	3.293	3.230	3.179	3.137	3.073	3.006	2.936	2.900	2.864	2.826	2.787	2.748	2.707
10	4.965	4.103	3.708	3.478	3.326	3.217	3.135	3.072	3.020	2.978	2.913	2.845	2.774	2.737	2.700	2.661	2.621	2.580	2.538
11	4.844	3.982	3.587	3.357	3.204	3.095	3.012	2.948	2.896	2.854	2.788	2.719	2.646	2.609	2.570	2.531	2.490	2.448	2.404
12	4.747	3.885	3.490	3.259	3.106	2.996	2.913	2.849	2.796	2.753	2.687	2.617	2.544	2.505	2.466	2.426	2.384	2.341	2.296
13	4.667	3.806	3.411	3.179	3.025	2.915	2.832	2.767	2.714	2.671	2.604	2.533	2.459	2.420	2.380	2.339	2.297	2.252	2.206
14	4.600	3.739	3.344	3.112	2.958	2.848	2.764	2.699	2.646	2.602	2.534	2.463	2.388	2.349	2.308	2.266	2.223	2.178	2.131
15	4.543	3.682	3.287	3.056	2.901	2.790	2.707	2.641	2.588	2.544	2.475	2.403	2.328	2.288	2.247	2.204	2.160	2.114	2.066
16	4.494	3.634	3.239	3.007	2.852	2.741	2.657	2.591	2.538	2.494	2.425	2.352	2.276	2.235	2.194	2.151	2.106	2.059	2.010
17	4.451	3.592	3.197	2.965	2.810	2.699	2.614	2.548	2.494	2.450	2.381	2.308	2.230	2.190	2.148	2.104	2.058	2.011	1.960
18	4.414	3.555	3.160	2.928	2.773	2.661	2.577	2.510	2.456	2.412	2.342	2.269	2.191	2.150	2.107	2.063	2.017	1.968	1.917
19	4.381	3.522	3.127	2.895	2.740	2.628	2.544	2.477	2.423	2.378	2.308	2.234	2.155	2.114	2.071	2.026	1.980	1.930	1.878

续表

n_1 \ n_2	1	2	3	4	5	6	7	8	9	10	12	15	20	24	30	40	60	120	∞
20	4.351	3.493	3.098	2.866	2.711	2.599	2.514	2.447	2.393	2.348	2.278	2.203	2.124	2.082	2.039	1.994	1.946	1.896	1.843
21	4.325	3.467	3.072	2.840	2.685	2.573	2.488	2.420	2.366	2.321	2.250	2.176	2.096	2.054	2.010	1.965	1.916	1.866	1.812
22	4.301	3.443	3.049	2.817	2.661	2.549	2.464	2.397	2.342	2.297	2.226	2.151	2.071	2.028	1.984	1.938	1.889	1.838	1.783
23	4.279	3.422	3.028	2.796	2.640	2.528	2.442	2.375	2.320	2.275	2.204	2.128	2.048	2.005	1.961	1.914	1.865	1.813	1.757
24	4.260	3.403	3.009	2.776	2.621	2.508	2.423	2.355	2.300	2.255	2.183	2.108	2.027	1.984	1.939	1.892	1.842	1.790	1.733
25	4.242	3.385	2.991	2.759	2.603	2.490	2.405	2.337	2.282	2.236	2.165	2.089	2.007	1.964	1.919	1.872	1.822	1.768	1.711
26	4.225	3.369	2.975	2.743	2.587	2.474	2.388	2.321	2.265	2.220	2.148	2.072	1.990	1.946	1.901	1.853	1.803	1.749	1.691
27	4.210	3.354	2.960	2.728	2.572	2.459	2.373	2.305	2.250	2.204	2.132	2.056	1.974	1.930	1.884	1.836	1.785	1.731	1.672
28	4.196	3.340	2.947	2.714	2.558	2.445	2.359	2.291	2.236	2.190	2.118	2.041	1.959	1.915	1.869	1.820	1.769	1.714	1.654
29	4.183	3.328	2.934	2.701	2.545	2.432	2.346	2.278	2.223	2.177	2.104	2.027	1.945	1.901	1.854	1.806	1.754	1.698	1.638
30	4.171	3.316	2.922	2.690	2.534	2.421	2.334	2.266	2.211	2.165	2.092	2.015	1.932	1.887	1.841	1.792	1.740	1.683	1.622
40	4.085	3.232	2.839	2.606	2.449	2.336	2.249	2.180	2.124	2.077	2.003	1.924	1.839	1.793	1.744	1.693	1.637	1.577	1.509
60	4.001	3.150	2.758	2.525	2.368	2.254	2.167	2.097	2.040	1.993	1.917	1.836	1.748	1.700	1.649	1.594	1.534	1.467	1.389
120	3.920	3.072	2.680	2.447	2.290	2.175	2.087	2.016	1.959	1.910	1.834	1.750	1.659	1.608	1.554	1.495	1.429	1.352	1.254
∞	3.841	2.996	2.605	2.372	2.214	2.099	2.010	1.938	1.880	1.831	1.752	1.666	1.571	1.517	1.459	1.394	1.318	1.221	1.000

$\alpha = 0.025$

n_1 / n_2	1	2	3	4	5	6	7	8	9	10	12	15	20	24	30	40	60	120	∞
1	647.8	799.5	864.2	899.6	921.8	937.1	948.2	956.7	963.3	968.6	976.7	984.9	993.1	997.2	1001	1006	1010	1014	1018
2	38.51	39.00	39.17	39.25	39.30	39.33	39.36	39.37	39.39	39.40	39.41	39.43	39.45	39.46	39.46	39.47	39.48	39.49	39.50
3	17.44	16.04	15.44	15.10	14.88	14.73	14.62	14.54	14.47	14.42	14.34	14.25	14.17	14.12	14.08	14.04	13.99	13.95	13.90
4	12.22	10.65	9.979	9.605	9.364	9.197	9.074	8.980	8.905	8.844	8.751	8.657	8.560	8.511	8.461	8.411	8.360	8.309	8.257
5	10.01	8.434	7.764	7.388	7.146	6.978	6.853	6.757	6.681	6.619	6.525	6.428	6.329	6.278	6.227	6.175	6.123	6.069	6.015
6	8.813	7.260	6.599	6.227	5.988	5.820	5.695	5.600	5.523	5.461	5.366	5.269	5.168	5.117	5.065	5.012	4.959	4.904	4.849
7	8.073	6.542	5.890	5.523	5.285	5.119	4.995	4.899	4.823	4.761	4.666	4.568	4.467	4.415	4.362	4.309	4.254	4.199	4.142
8	7.571	6.059	5.416	5.053	4.817	4.652	4.529	4.433	4.357	4.295	4.200	4.101	3.999	3.947	3.894	3.840	3.784	3.728	3.670
9	7.209	5.715	5.078	4.718	4.484	4.320	4.197	4.102	4.026	3.964	3.868	3.769	3.667	3.614	3.560	3.505	3.449	3.392	3.333
10	6.937	5.456	4.826	4.468	4.236	4.072	3.950	3.855	3.779	3.717	3.621	3.522	3.419	3.365	3.311	3.255	3.198	3.140	3.080
11	6.724	5.256	4.630	4.275	4.044	3.881	3.759	3.664	3.588	3.526	3.430	3.330	3.226	3.173	3.118	3.061	3.004	2.944	2.883
12	6.554	5.096	4.474	4.121	3.891	3.728	3.607	3.512	3.436	3.374	3.277	3.177	3.073	3.019	2.963	2.906	2.848	2.787	2.725
13	6.414	4.965	4.347	3.996	3.767	3.604	3.483	3.388	3.312	3.250	3.153	3.053	2.948	2.893	2.837	2.780	2.720	2.659	2.595
14	6.298	4.857	4.242	3.892	3.663	3.501	3.380	3.285	3.209	3.147	3.050	2.949	2.844	2.789	2.732	2.674	2.614	2.552	2.487
15	6.200	4.765	4.153	3.804	3.576	3.415	3.293	3.199	3.123	3.060	2.963	2.862	2.756	2.701	2.644	2.585	2.524	2.461	2.395
16	6.115	4.687	4.077	3.729	3.502	3.341	3.219	3.125	3.049	2.986	2.889	2.788	2.681	2.625	2.568	2.509	2.447	2.383	2.316
17	6.042	4.619	4.011	3.665	3.438	3.277	3.156	3.061	2.985	2.922	2.825	2.723	2.616	2.560	2.502	2.442	2.380	2.315	2.247
18	5.978	4.560	3.954	3.608	3.382	3.221	3.100	3.005	2.929	2.866	2.769	2.667	2.559	2.503	2.445	2.384	2.321	2.256	2.187
19	5.922	4.508	3.903	3.559	3.333	3.172	3.051	2.956	2.880	2.817	2.720	2.617	2.509	2.452	2.394	2.333	2.270	2.203	2.133

续表

n_1 \ n_2	1	2	3	4	5	6	7	8	9	10	12	15	20	24	30	40	60	120	∞
20	5.871	4.461	3.859	3.515	3.289	3.128	3.007	2.913	2.837	2.774	2.676	2.573	2.464	2.408	2.349	2.287	2.223	2.156	2.085
21	5.827	4.420	3.819	3.475	3.250	3.090	2.969	2.874	2.798	2.735	2.637	2.534	2.425	2.368	2.308	2.246	2.182	2.114	2.042
22	5.786	4.383	3.783	3.440	3.215	3.055	2.934	2.839	2.763	2.700	2.602	2.498	2.389	2.331	2.272	2.210	2.145	2.076	2.003
23	5.750	4.349	3.750	3.408	3.183	3.023	2.902	2.808	2.731	2.668	2.570	2.466	2.357	2.299	2.239	2.176	2.111	2.041	1.968
24	5.717	4.319	3.721	3.379	3.155	2.995	2.874	2.779	2.703	2.640	2.541	2.437	2.327	2.269	2.209	2.146	2.080	2.010	1.935
25	5.686	4.291	3.694	3.353	3.129	2.969	2.848	2.753	2.677	2.613	2.515	2.411	2.300	2.242	2.182	2.118	2.052	1.981	1.906
26	5.659	4.265	3.670	3.329	3.105	2.945	2.824	2.729	2.653	2.590	2.491	2.387	2.276	2.217	2.157	2.093	2.026	1.954	1.878
27	5.633	4.242	3.647	3.307	3.083	2.923	2.802	2.707	2.631	2.568	2.469	2.364	2.253	2.195	2.133	2.069	2.002	1.930	1.853
28	5.610	4.221	3.626	3.286	3.063	2.903	2.782	2.687	2.611	2.547	2.448	2.344	2.232	2.174	2.112	2.048	1.980	1.907	1.829
29	5.588	4.201	3.607	3.267	3.044	2.884	2.763	2.669	2.592	2.529	2.430	2.325	2.213	2.154	2.092	2.028	1.959	1.886	1.807
30	5.568	4.182	3.589	3.250	3.026	2.867	2.746	2.651	2.575	2.511	2.412	2.307	2.195	2.136	2.074	2.009	1.940	1.866	1.787
40	5.424	4.051	3.463	3.126	2.904	2.744	2.624	2.529	2.452	2.388	2.288	2.182	2.068	2.007	1.943	1.875	1.803	1.724	1.637
60	5.286	3.925	3.343	3.008	2.786	2.627	2.507	2.412	2.334	2.270	2.169	2.061	1.944	1.882	1.815	1.744	1.667	1.581	1.482
120	5.152	3.805	3.227	2.894	2.674	2.515	2.395	2.299	2.222	2.157	2.055	1.945	1.825	1.760	1.690	1.614	1.530	1.433	1.310
∞	5.024	3.689	3.116	2.786	2.567	2.408	2.288	2.192	2.114	2.048	1.945	1.833	1.708	1.640	1.566	1.484	1.388	1.268	1.000

$\alpha = 0.01$

n_2 \ n_1	1	2	3	4	5	6	7	8	9	10	12	15	20	24	30	40	60	120	∞
1	4052	4999	5403	5625	5764	5859	5928	5981	6022	6056	6106	6157	6209	6235	6261	6287	6313	6339	6366
2	98.50	99.00	99.17	99.25	99.30	99.33	99.36	99.37	99.39	99.40	99.42	99.43	99.45	99.46	99.47	99.47	99.48	99.49	99.50
3	34.12	30.82	29.46	28.71	28.24	27.91	27.67	27.49	27.35	27.23	27.05	26.87	26.69	26.60	26.50	26.41	26.32	26.22	26.13
4	21.20	18.00	16.69	15.98	15.52	15.21	14.98	14.80	14.66	14.55	14.37	14.20	14.02	13.93	13.84	13.75	13.65	13.56	13.46
5	16.26	13.27	12.06	11.39	10.97	10.67	10.46	10.29	10.16	10.05	9.888	9.722	9.553	9.466	9.379	9.291	9.202	9.112	9.020
6	13.75	10.92	9.780	9.148	8.746	8.466	8.260	8.102	7.976	7.874	7.718	7.559	7.396	7.313	7.229	7.143	7.057	6.969	6.880
7	12.25	9.547	8.451	7.847	7.460	7.191	6.993	6.840	6.719	6.620	6.469	6.314	6.155	6.074	5.992	5.908	5.824	5.737	5.650
8	11.26	8.649	7.591	7.006	6.632	6.371	6.178	6.029	5.911	5.814	5.667	5.515	5.359	5.279	5.198	5.116	5.032	4.946	4.859
9	10.56	8.022	6.992	6.422	6.057	5.802	5.613	5.467	5.351	5.257	5.111	4.962	4.808	4.729	4.649	4.567	4.483	4.398	4.311
10	10.04	7.559	6.552	5.994	5.636	5.386	5.200	5.057	4.942	4.849	4.706	4.558	4.405	4.327	4.247	4.165	4.082	3.996	3.909
11	9.646	7.206	6.217	5.668	5.316	5.069	4.886	4.744	4.632	4.539	4.397	4.251	4.099	4.021	3.941	3.860	3.776	3.690	3.602
12	9.330	6.927	5.953	5.412	5.064	4.821	4.640	4.499	4.388	4.296	4.155	4.010	3.858	3.780	3.701	3.619	3.535	3.449	3.361
13	9.074	6.701	5.739	5.205	4.862	4.620	4.441	4.302	4.191	4.100	3.960	3.815	3.665	3.587	3.507	3.425	3.341	3.255	3.165
14	8.862	6.515	5.564	5.035	4.695	4.456	4.278	4.140	4.030	3.939	3.800	3.656	3.505	3.427	3.348	3.266	3.181	3.094	3.004
15	8.683	6.359	5.417	4.893	4.556	4.318	4.142	4.004	3.895	3.805	3.666	3.522	3.372	3.294	3.214	3.132	3.047	2.959	2.868
16	8.531	6.226	5.292	4.773	4.437	4.202	4.026	3.890	3.780	3.691	3.553	3.409	3.259	3.181	3.101	3.018	2.933	2.845	2.753
17	8.400	6.112	5.185	4.669	4.336	4.102	3.927	3.791	3.682	3.593	3.455	3.312	3.162	3.084	3.003	2.920	2.835	2.746	2.653
18	8.285	6.013	5.092	4.579	4.248	4.015	3.841	3.705	3.597	3.508	3.371	3.227	3.077	2.999	2.919	2.835	2.749	2.660	2.566
19	8.185	5.926	5.010	4.500	4.171	3.939	3.765	3.631	3.523	3.434	3.297	3.153	3.003	2.925	2.844	2.761	2.674	2.584	2.489

续表

n_1 \ n_2	1	2	3	4	5	6	7	8	9	10	12	15	20	24	30	40	60	120	∞
20	8.096	5.849	4.938	4.431	4.103	3.871	3.699	3.564	3.457	3.368	3.231	3.088	2.938	2.859	2.778	2.695	2.608	2.517	2.421
21	8.017	5.780	4.874	4.369	4.042	3.812	3.640	3.506	3.398	3.310	3.173	3.030	2.880	2.801	2.720	2.636	2.548	2.457	2.360
22	7.945	5.719	4.817	4.313	3.988	3.758	3.587	3.453	3.346	3.258	3.121	2.978	2.827	2.749	2.667	2.583	2.495	2.403	2.305
23	7.881	5.664	4.765	4.264	3.939	3.710	3.539	3.406	3.299	3.211	3.074	2.931	2.781	2.702	2.620	2.535	2.447	2.354	2.256
24	7.823	5.614	4.718	4.218	3.895	3.667	3.496	3.363	3.256	3.168	3.032	2.889	2.738	2.659	2.577	2.492	2.403	2.310	2.211
25	7.770	5.568	4.675	4.177	3.855	3.627	3.457	3.324	3.217	3.129	2.993	2.850	2.699	2.620	2.538	2.453	2.364	2.270	2.169
26	7.721	5.526	4.637	4.140	3.818	3.591	3.421	3.288	3.182	3.094	2.958	2.815	2.664	2.585	2.503	2.417	2.327	2.233	2.131
27	7.677	5.488	4.601	4.106	3.785	3.558	3.388	3.256	3.149	3.062	2.926	2.783	2.632	2.552	2.470	2.384	2.294	2.198	2.097
28	7.636	5.453	4.568	4.074	3.754	3.528	3.358	3.226	3.120	3.032	2.896	2.753	2.602	2.522	2.440	2.354	2.263	2.167	2.064
29	7.598	5.420	4.538	4.045	3.725	3.499	3.330	3.198	3.092	3.005	2.868	2.726	2.574	2.495	2.412	2.325	2.234	2.138	2.034
30	7.562	5.390	4.510	4.018	3.699	3.473	3.304	3.173	3.067	2.979	2.843	2.700	2.549	2.469	2.386	2.299	2.208	2.111	2.006
40	7.314	5.179	4.313	3.828	3.514	3.291	3.124	2.993	2.888	2.801	2.665	2.522	2.369	2.288	2.203	2.114	2.019	1.917	1.805
60	7.077	4.977	4.126	3.649	3.339	3.119	2.953	2.823	2.718	2.632	2.496	2.352	2.198	2.115	2.028	1.936	1.836	1.726	1.601
120	6.851	4.787	3.949	3.480	3.174	2.956	2.792	2.663	2.559	2.472	2.336	2.192	2.035	1.950	1.860	1.763	1.656	1.533	1.381
∞	6.635	4.605	3.782	3.319	3.017	2.802	2.639	2.511	2.407	2.321	2.185	2.039	1.878	1.791	1.696	1.592	1.473	1.325	1.000

$\alpha = 0.005$

n_2 \ n_1	1	2	3	4	5	6	7	8	9	10	12	15	20	24	30	40	60	120	∞
1	16211	19999	21615	22500	23056	23437	23715	23925	24091	24224	24426	24630	24836	24940	25044	25148	25253	25359	25464
2	198.5	199.0	199.2	199.2	199.3	199.3	199.4	199.4	199.4	199.4	199.4	199.4	199.4	199.5	199.5	199.5	199.5	199.5	199.5
3	55.55	49.80	47.47	46.19	45.39	44.84	44.43	44.13	43.88	43.69	43.39	43.08	42.78	42.62	42.47	42.31	42.15	41.99	41.83
4	31.33	26.28	24.26	23.15	22.46	21.97	21.62	21.35	21.14	20.97	20.70	20.44	20.17	20.03	19.89	19.75	19.61	19.47	19.32
5	22.78	18.31	16.53	15.56	14.94	14.51	14.20	13.96	13.77	13.62	13.38	13.15	12.90	12.78	12.66	12.53	12.40	12.27	12.14
6	18.63	14.54	12.92	12.03	11.46	11.07	10.79	10.57	10.39	10.25	10.03	9.814	9.589	9.474	9.358	9.241	9.122	9.001	8.879
7	16.24	12.40	10.88	10.05	9.522	9.155	8.885	8.678	8.514	8.380	8.176	7.968	7.754	7.645	7.534	7.422	7.309	7.193	7.076
8	14.69	11.04	9.596	8.805	8.302	7.952	7.694	7.496	7.339	7.211	7.015	6.814	6.608	6.503	6.396	6.288	6.177	6.065	5.951
9	13.61	10.11	8.717	7.956	7.471	7.134	6.885	6.693	6.541	6.417	6.227	6.032	5.832	5.729	5.625	5.519	5.410	5.300	5.188
10	12.83	9.427	8.081	7.343	6.872	6.545	6.302	6.116	5.968	5.847	5.661	5.471	5.274	5.173	5.071	4.966	4.859	4.750	4.639
11	12.23	8.912	7.600	6.881	6.422	6.102	5.865	5.682	5.537	5.418	5.236	5.049	4.855	4.756	4.654	4.551	4.445	4.337	4.226
12	11.75	8.510	7.226	6.521	6.071	5.757	5.525	5.345	5.202	5.085	4.906	4.721	4.530	4.431	4.331	4.228	4.123	4.015	3.904
13	11.37	8.186	6.926	6.233	5.791	5.482	5.253	5.076	4.935	4.820	4.643	4.460	4.270	4.173	4.073	3.970	3.866	3.758	3.647
14	11.06	7.922	6.680	5.998	5.562	5.257	5.031	4.857	4.717	4.603	4.428	4.247	4.059	3.961	3.862	3.760	3.655	3.547	3.436
15	10.80	7.701	6.476	5.803	5.372	5.071	4.847	4.674	4.536	4.424	4.250	4.070	3.883	3.786	3.687	3.585	3.480	3.372	3.260
16	10.58	7.514	6.303	5.638	5.212	4.913	4.692	4.521	4.384	4.272	4.099	3.920	3.734	3.638	3.539	3.437	3.332	3.224	3.112
17	10.38	7.354	6.156	5.497	5.075	4.779	4.559	4.389	4.254	4.142	3.971	3.793	3.607	3.511	3.412	3.311	3.206	3.097	2.984
18	10.22	7.215	6.028	5.375	4.956	4.663	4.445	4.276	4.141	4.030	3.860	3.683	3.498	3.402	3.303	3.201	3.096	2.987	2.873
19	10.07	7.093	5.916	5.268	4.853	4.561	4.345	4.177	4.043	3.933	3.763	3.587	3.402	3.306	3.208	3.106	3.000	2.891	2.776

n_1 / n_2	1	2	3	4	5	6	7	8	9	10	12	15	20	24	30	40	60	120	∞
20	9.944	6.986	5.818	5.174	4.762	4.472	4.257	4.090	3.956	3.847	3.678	3.502	3.318	3.222	3.123	3.022	2.916	2.806	2.690
21	9.830	6.891	5.730	5.091	4.681	4.393	4.179	4.013	3.880	3.771	3.602	3.427	3.243	3.147	3.049	2.947	2.841	2.730	2.614
22	9.727	6.806	5.652	5.017	4.609	4.322	4.109	3.944	3.812	3.703	3.535	3.360	3.176	3.081	2.982	2.880	2.774	2.663	2.545
23	9.635	6.730	5.582	4.950	4.544	4.259	4.047	3.882	3.750	3.642	3.475	3.300	3.116	3.021	2.922	2.820	2.713	2.602	2.484
24	9.551	6.661	5.519	4.890	4.486	4.202	3.991	3.826	3.695	3.587	3.420	3.246	3.062	2.967	2.868	2.765	2.658	2.546	2.428
25	9.475	6.598	5.462	4.835	4.433	4.150	3.939	3.776	3.645	3.537	3.370	3.196	3.013	2.918	2.819	2.716	2.609	2.496	2.377
26	9.406	6.541	5.409	4.785	4.384	4.103	3.893	3.730	3.599	3.492	3.325	3.151	2.968	2.873	2.774	2.671	2.563	2.450	2.330
27	9.342	6.489	5.361	4.740	4.340	4.059	3.850	3.687	3.557	3.450	3.284	3.110	2.928	2.832	2.733	2.630	2.522	2.408	2.287
28	9.284	6.440	5.317	4.698	4.300	4.020	3.811	3.649	3.519	3.412	3.246	3.073	2.890	2.794	2.695	2.592	2.483	2.369	2.247
29	9.230	6.396	5.276	4.659	4.262	3.983	3.775	3.613	3.483	3.377	3.211	3.038	2.855	2.759	2.660	2.557	2.448	2.333	2.210
30	9.180	6.355	5.239	4.623	4.228	3.949	3.742	3.580	3.450	3.344	3.179	3.006	2.823	2.727	2.628	2.524	2.415	2.300	2.176
40	8.828	6.066	4.976	4.374	3.986	3.713	3.509	3.350	3.222	3.117	2.953	2.781	2.598	2.502	2.401	2.296	2.184	2.064	1.932
60	8.495	5.795	4.729	4.140	3.760	3.492	3.291	3.134	3.008	2.904	2.742	2.570	2.387	2.290	2.187	2.079	1.962	1.834	1.689
120	8.179	5.539	4.497	3.921	3.548	3.285	3.087	2.933	2.808	2.705	2.544	2.373	2.188	2.089	1.984	1.871	1.747	1.606	1.431
∞	7.879	5.298	4.279	3.715	3.350	3.091	2.897	2.744	2.621	2.519	2.358	2.187	2.000	1.898	1.789	1.669	1.533	1.364	1.000

习题参考答案

习题 1

1. $0.6; \dfrac{2}{3}; \dfrac{1}{3}; \dfrac{3}{4}$.   2. $\dfrac{1}{4}$.

4. $A\overline{B}\overline{C}; A\overline{B}\overline{C}+\overline{A}B\overline{C}+\overline{A}\overline{B}C; AB\overline{C}+A\overline{B}C+\overline{A}BC; A\cup B\cup C; \overline{A}\,\overline{B}\,\overline{C}; \overline{A}\,\overline{B}\,\overline{C}+AB\overline{C}+\overline{A}B\overline{C}+\overline{A}\,\overline{B}C$.

5. $\dfrac{16}{33}; \dfrac{19}{33}$.   6. $\dfrac{99}{323}$.   7. $\dfrac{13}{30}; \dfrac{9}{13}$ 8. $P(ABC)+P(\overline{A}BC)+P(A\overline{B}C)+P(AB\overline{C})=p$.

9. $\dfrac{2}{3}$.   10. $\dfrac{7}{20}; \dfrac{13}{40}; \dfrac{2}{7}$.   11. $9\%; \dfrac{4}{9}$.   12. $\dfrac{3}{4}$.   13. $\dfrac{40}{49}$.

14. $\dfrac{r}{r+t} \cdot \dfrac{r+a}{r+t+a} \cdot \dfrac{t}{r+t+2a} \cdot \dfrac{t+a}{r+t+3a}$.

15. 两种赛制甲,有利.

16. $a=\dfrac{448}{475}\approx0.943, \beta=\dfrac{95}{112}\approx0.848$.   17. $\dfrac{1}{2}+\dfrac{1}{\pi}$.

习题 2

1.

X	3	4	5
P	$\dfrac{1}{10}$	$\dfrac{3}{10}$	$\dfrac{6}{10}$

2.

X	0	1	2
P	$\dfrac{22}{35}$	$\dfrac{12}{35}$	$\dfrac{1}{35}$

3. (1) $P\{X=k\}=pq^{k-1}, k=1,2,\cdots$;

(2) $P\{Y=k\}=\dbinom{k-1}{r-1}p^r(1-p)^{k-r}, k=r, r+1, \cdots$;

(3) $P\{X=k\}=0.45(0.55)^{k-1}, k=1,2,\cdots, p=\sum\limits_{k=1}^{\infty}p\{X=2k\}=\dfrac{11}{31}$.

4. (1)

X	1	2	3	$\cdots$
P	$\dfrac{1}{3}$	$\left(\dfrac{2}{3}\right)\dfrac{1}{3}$	$\left(\dfrac{2}{3}\right)^2\dfrac{1}{3}$	$\cdots$

(2)

X	1	2	3
P	$\frac{1}{3}$	$\frac{1}{3}$	$\frac{1}{3}$

(3)8/27,38/81.

5.(1)0.1087; (2)0.6358.

6.e^{-6}. 7.(1)0.0298; (2)0.5665.

8.(1)$e^{-3/2}$; (2)$1-e^{-5/2}$.

9.$F(x)=\begin{cases}0 & \text{当 } x<0 \\ 1-p, & \text{当 } 0\leqslant x<1 \\ 1 & \text{当 } x\geqslant 1\end{cases}$.

10.$F(x)=\begin{cases}0 & \text{当 } x<0 \\ \dfrac{x}{a} & \text{当 } 0\leqslant x<a \\ 1 & \text{当 } x\geqslant a\end{cases}$.

11.(1)$1-e^{-1.2}$; (2)$e^{-1.6}$; (3)$e^{-1.2}-e^{-1.6}$; (4)$1-e^{-1.2}+e^{-1.6}$; (5)0;

12.(1)$\ln 2,1,\ln\dfrac{5}{4}$; (2)$f(x)\begin{cases}\dfrac{1}{x} & \text{当 } 1<x<e \\ 0 & \text{其他}\end{cases}$.

13.$F(x)=\begin{cases}0 & \text{当 } x<0 \\ \dfrac{x^2}{2} & \text{当 } 0\leqslant x<1 \\ -1+2x-\dfrac{x^2}{2} & \text{当 } 1\leqslant x<2 \\ 1 & \text{当 } x\geqslant 2\end{cases}$.

14.$\dfrac{232}{243}$. 15.$P\{Y=k\}=C_k^5 e^{-2k}(1-e^{-2})^{5-k},k=0,1,\cdots,5;0.5167$.

16.(1)$P\{2<X\leqslant 5\}=0.5328;P\{-4<X\leqslant 10\}=0.9996;P\{|X|>2\}=0.6977;P\{X>3\}=0.5$; (2)$c=3$;(3)$d\leqslant 0.436$

17.0.0456.

18.(1)$f_Y(y)=\begin{cases}\dfrac{1}{y\sqrt{2\pi}}e^{-(\ln y)^2/2} & \text{当 } y>0 \\ 0 & \text{当 } y\leqslant 0\end{cases}$;

(2)$f_Y(y)=\begin{cases}\dfrac{1}{2\sqrt{\pi(y-1)}}e^{-(y-1)/4} & \text{当 } y>1 \\ 0 & \text{当 } y\leqslant 1\end{cases}$;

(3)$f_Y(y)=\begin{cases}\dfrac{2}{\pi}e^{-y^2/2} & \text{当 } y>0 \\ 0 & \text{当 } y\leqslant 0\end{cases}$.

19.(1)放回抽样的情况　　　　　　　　(2)不放回抽样的情况

Y \ X	0	1
0	25/36	5/36
1	5/36	1/36

Y \ X	0	1
0	45/66	10/66
1	10/66	1/66

20.

Y \ X	0	1	2	3
0	0	0	3/35	2/35
1	0	6/35	12/35	2/35
2	1/35	6/35	3/35	0

21. 1/8；3/8；27/32；2/3

22.

Y \ X	0	1	2	$P\{Y=j\}$
0	1/8	0	0	1/8
1	1/8	2/8	0	3/8
2	0	2/8	1/8	3/8
3	0	0	1/8	1/8
$P\{X=i\}$	1/4	2/4	1/4	1

23. $f_X(x)=\begin{cases}2.4x^2(2-x) & \text{当 } 0\leqslant x\leqslant 1 \\ 0 & \text{其他}\end{cases}$；　$f_Y(y)=\begin{cases}2.4y(3-4y+y^2) & \text{当 } 0\leqslant y\leqslant 1 \\ 0 & \text{其他}\end{cases}$.

24. $C=21/4$；$f_X(x)=\begin{cases}\dfrac{21}{8}x^2(1-x^4) & \text{当 } -1\leqslant x\leqslant 1 \\ 0 & \text{其他}\end{cases}$；　$f_Y(y)=\begin{cases}\dfrac{7}{2}y^{5/2} & \text{当 } 0\leqslant y\leqslant 1 \\ 0 & \text{其他}\end{cases}$.

25.(1)

X	51	52	53	54	55
P	0.18	0.15	0.35	0.12	0.20

Y	51	52	53	54	55
P	0.28	0.28	0.22	0.09	0.13

(2)

k	51	52	53	54	55
$P\{x=K\|Y=51\}$	6/28	7/28	5/28	5/28	5/28

26. (1) $P\{X=n\}=\dfrac{14^n e^{-14}}{n!}$, $n=0,1,2,\cdots$, $P\{Y=m\}=\dfrac{e^{-7.14}(7.14)^m}{m!}$, $m=0,1,2,\cdots$.

(2) 当 $m=0,1,2,\cdots$ 时 $P\{X=n|Y=m\}=\dfrac{e^{-6.86}(6.86)^{n-m}}{(n-m)!}$, $n=m,m+1,\cdots$;

当 $n=0,1,2,\cdots$ 时, $P\{Y=m|X=n\}=C_n^m(0.51)^m(0.49)^{n-m}$, $m=0,1,\cdots,n$.

(3) $P\{Y=m|X=20\}=\dbinom{20}{m}(0.51)^m(0.49)^{20-m}$, $m=0,1,\cdots,20$.

27. 当 $|y|<1$ 时, $f_{X|Y}(x|y)=\begin{cases}\dfrac{1}{1-|y|} & \text{当 } |y|<x<1 \\ 0 & \text{其他}\end{cases}$

当 $0<x<1$ 时, $f_{Y|X}(y|x)=\begin{cases}\dfrac{1}{2x} & \text{当 } |y|<x \\ 0 & \text{其他}\end{cases}$.

28. (1) $f(x,y)=\begin{cases}\dfrac{1}{2}e^{-y/2} & \text{当 } 0<x<1,y>0 \\ 0 & \text{其他}\end{cases}$; (2) $1-\sqrt{2\pi}[\Phi(1)-\Phi(0)]=0.1445$.

29. $f(x,y)=\dfrac{1}{2\pi}e^{-(x^2+y^2)/2}$

Z	0	1	2
P	e^{-2}	$e^{-1/2}-e^{-2}$	$1-e^{-1/2}$

30. $f_Z(z)=\begin{cases}1-e^{-x} & \text{当 } 0\leqslant z<1 \\ (e-1)e^{-x} & \text{当 } z\geqslant 1 \\ 0 & \text{其他}\end{cases}$,

31. $(0.1587)^4=0.00063$

32. 略

33. 略

习题 3

1. 0.4,5,0.84.   2. 3,11,27;   3. 1.   4. $\dfrac{1}{v}$.   5. $\dfrac{(2n+1)}{3}$.   6. $\dfrac{4}{3}$.

7. 18.4.   8. $A=e^{-a},B=a$.   9. $\dfrac{1}{2}\ln\dfrac{1}{2}-\dfrac{1}{2},\dfrac{1}{4}(\ln 2)^2+\dfrac{1}{2}\ln 2+\dfrac{3}{4}$.

10. (1) $\dfrac{1}{2}$;   (2) $\dfrac{\pi}{4},\dfrac{\pi}{4},\dfrac{\pi^2+8\pi-32}{16}$.   11. 0.   12. $1,\sqrt{\dfrac{\pi}{2}}-1$.

13. (1)不独立,不相关;　(2)$\dfrac{5}{12}$,$\dfrac{5}{12}$,$\dfrac{5}{36}$.　　14. (1)$\dfrac{1}{3}$,3;(2) 0;(3) 独立.

习题 4

1. $\dfrac{1}{9}$.　　2. $\dfrac{1}{12}$.　　3. $\dfrac{13}{16}$.　　4. 1.　　5. 0.2119.　　6. 145.

7. (1) 0.9826,(2) 0.9652.　　8. (1) 0,(2) 0.5.

习题 5

1. D.　　2. $N(0,1)$,$t(n-1)$.　　3. 1/3.　　4. A.　　5. D.　　6. 0.95.

7. $t(4)$,4.6041.　　8. (1) 38.582,10.219;(2)2.6025,2.0150;(3)5.64,1/3.01.

9. (1) 3,3/100;(2)3.

习题 6

1. 0.5,0.125.　　2. 5/6.　　3. 173,173,都是无偏估计.　　4. $\dfrac{1-2\overline{X}}{\overline{X}-1}$.　$-\dfrac{n}{\sum\limits_{i=1}^{n}\ln x_i}-1$.

5. (2)$\dfrac{2\sigma^2}{n}$.　　6. $\overline{X}$ 更有效.　　7. [80±2.352].　　8. [457.5±25.19];

9. [$-7.498,1.964$].

习题 7

1. $\alpha=0.01$,犯第一类错误的概率也是 0.01.

2. 有显著减少.

3. 寿命均值 $\mu=2500$(h).

4. 不为 32.50.

5. 显著小于 32.50.

6. 可以认为平均质量为 50kg.

7. 显著提高.

8. 不符合要求.

9. 有明显差异.

10. 无显著差异.

11. 无显著差异.

12. 新法比旧法提取率高.

13. 可以认为该样本来自正态分布的总体.

14. 服从泊松分布.

15. 存在显著差异.

16. 两组的演讲比赛成绩不存在显著差异.

习题 8

1. 差异显著.　　2. 无差异显著.

3.各总体均值间有显著差异;(6.75,18.45),(−7.65,4.05),(−20.25,−8.55).

4.因素 A,因素 B 的影响均不显著.

5.只有浓度的影响是显著的.

习题 9

1.$\hat{Y}=363.689+1.420x$.

2.(2)$\hat{y}=9.121+0.223x$; (3) 显著; (4) 19.158,[17.988, 20.327]

3.(1)$\hat{y}=7.2+0.6x$; (3) 正确.